정확한 구속

기구학적 원리를 이용한 기계설계

E X A C T

C O N S T R A I N T

M A C H I N E   D E S I G N   U S I N G

K I N E M A T I C   P R I N C I P L E S

Douglass L. Blanding 저

장인배 역

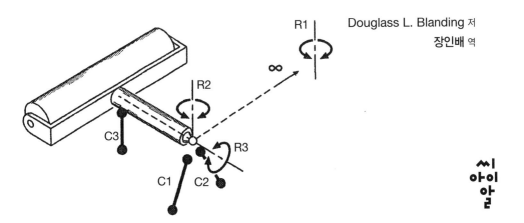

씨
아이
알

본 연구는 2015년도 산업통상자원부의 재원으로 한국에너지기술평가원(KETEP)의 지원을 받아 수행한 연구 과제(No. 20154030200950)의 결과물입니다.

This work was supported by the Human Resources Development program(No. 20154030200950) of the Korea Institute of Energy Technology Evaluation and Planning(KETEP) grant funded by the Korea government Ministry of Trade, Industry and Energy.

역자 서언

최소구속(minimum constraint)의 원리를 기반으로 하는 **정확한 구속**(exact constraint) 설계는 초정밀 기계설계의 기반이 되며, 특히 현대 반도체 생산기술을 지원하는 각종 기기의 핵심 설계원리로 활용되고 있다.

기계공학은 다수의 구속을 사용하여 기계의 강성을 높이고 정밀도를 향상시키는 **탄성평균화**(elastic averaging)의 원리를 기반으로 산업혁명 이래 큰 발전을 이루었으며, 현재에도 공작기계 설계 분야에서는 탄성평균화의 원리를 기반으로 하는 고강성 설계기법이 최선의 방안으로 인정되고 있다. 하지만 과도 구속을 기반으로 하는 탄성평균화의 원리를 사용하는 고전적 설계기법은 조립기술과 현합가공이라는 작업자의 숙련도에 의존성이 크기 때문에 제품의 품질과 재현성이 불확실하여 나노미터 단위의 임계치수를 가지고 있는 수십억 개의 초정밀 제품을 초고속으로 생산해야만 하는 반도체 산업에 활용하기에는 많은 문제점을 가지고 있다.

따라서 초정밀 기구설계의 분야는 재빠르게 고전적 설계원리에서 탈피하여 최소구속을 기반으로 하는 정확한 구속설계로 전환하게 되었다. 최소구속의 설계원리는 직관으로 받아들이기에는 많은 무리가 있는 이론이기 때문에 체계적인 교육과 실습이 필요하다. 하지만 기존의 기계설계 교육과정들이 탄성평균화에 기반을 두고 있기 때문에 최소구속 설계원리를 기구설계에 도입하는 과정은 기존의 설계원리에 익숙한 엔지니어들과의 갈등을 초래하였으며 수많은 저항과 반발을 겪을 수밖에 없는 실정이다.

최소구속의 설계원리는 A. Slocum 교수의 **정밀기계설계**(Precision Machine Design), Layton Carter Hale의 **정밀기계설계의 원리와 기법**(Principles and

Techniques for Designing Precision Machines), Herman Soemers 교수의 **정밀 메커니즘의 설계원리**(Design Principles for Precision Mechanisms) 등의 문헌을 통해서 부분적으로 접할 수 있지만, 보다 체계적인 설계이론을 학습하기 위해서는 이 책이 가장 적합한 것으로 판단된다.

강원대학교 메카트로닉스공학전공 **장 인 배** 교수

저자 서언

정확한 구속 : 기구학적 원리를 사용한 기계설계에서는 오랜 역사를 가지고 있지만, 잘 알려지지 않은 기구학적 설계원리(지난 100여 년간 정밀기구 설계에서 널리 활용된 원리)에 대해서 탐구하며, 기계의 설계 시 활용할 수 있는 독창적이며 강력한 법칙과 기법들을 제시하고 있다. 이 법칙과 기법들은 정밀기구의 설계에 국한되지 않고, 모든 유형과 크기의 기계설계에 적용할 수 있다. 여기에 중심이 되는 기법은 **구속 패턴 분석**(Constraint Pattern Analysis)으로서, 이는 설계자로 하여금 기계적 연결기구의 구속과 자유도를 공간 내에서의 직선 패턴으로 가시화시켜준다. 이 직선들로 이루어진 패턴들의 공간적인 상관관계를 살펴보면, 따라야만 하는 비교적 단순한 **법칙**들을 발견하게 된다. 이 법칙들은 전혀 새로운 것이 아니지만 잘 알려져 있지 않다. 이러한 직선의 패턴들은 정밀기구나 사무용품에서 대형 차량에 이르기까지, 모든 유형의 기계들에서 발견할 수 있다. 기계 내에서 이러한 직선 패턴을 인식하는 훈련을 통해서, 기계설계 엔지니어는 기계가 작동하는 원리를(또는 작동하지 않는 이유를) 완전히 다른 차원에서 이해할 수 있게 된다. 이를 통해서 설계 엔지니어는 자신이 당면한 설계 문제에 대해서 독창적이며 색다른 해법을 도출할 수 있다. **정확한 구속설계**(Exact Constraint Design) 원리라고 통칭하여 부르는 설계원리를 사용하면 설계자는 기계의 거동에 대해서 더 나은 이해를 할 수 있게 된다. 이 이해를 기반으로 설계자는 염가와 고성능을 모두 갖춘 새로운 설계를 손쉽게 찾아낼 수 있다.

정확한 구속설계를 통해서 서로 다른 부류인 것처럼 보이는 기계설계의 영역들을 통합할 수 있다. 예를 들어 구속 및 자유도를 나타내는 직선 패턴들은 메커니즘을 구성하는 부품들 사이의 연결에서뿐만 아니라 단일 구조물 내에서도 발견할 수 있다. 따라서 구조해석과 메커니즘 설계라는 이질적인 분야가 유사한 범주에 속하는 것으로 밝혀졌다. 이들 두 분야에 대해서 동일한 분석기법이 똑같이 잘 적용된다.

기계의 부품들 사이에 기계적인 연결이 존재할 때마다 항상 정확한 구속설계의 원리가 적용된다. 때로는 이러한 연결들을 찾아내기 위해서 기계의 경계 너머의 영역도 살펴봐야만 한다. 예를 들어 자동차의 타이어는 도로와 **연결**되어 있다. 자동차의 서스펜션을 설계하는 엔지니어는 자동차의 **롤(Roll)**축 위치와 같은 기하학적 특성을 결정하기 위해서 이 연결을 고려해야만 한다. 마찬가지로 종이와 같이 길고 얇은 **띠형 판재(web)**를 이송하는 공장 기계의 경우에는 띠형 판재 자체를 기계 구성부품의 일부로 간주해야만 하며, 띠형 판재와 이를 이송할 롤러 사이의 기계적 연결의 성질도 고려해야 한다. 이 책의 마지막 장에서는 띠형 판재 이송기구에 정확한 구속설계 원리를 적용한 사례들을 살펴본다.

이 책은 기계 설계자가 되고 싶어 하는 사람들을 위한 책이다. 이 책은 자동차, 농업용 기계, 항공기, 우주 정거장, 망원경, 사무용 기기, 가정용 전기기기 등의 기계를 설계하는 공학자, 설계자, 과학자, 기술자 및 기계 엔지니어들을 위한 책이다. 이 책은 기계를 좋아하고 기계가 어떻게 작동하는지를 더잘 이해하고 싶어 하는 사람들을 위한 책이다. 이 책의 주제는 기구학의 기초이론들로부터 개발되었다. 다양한 하드웨어 사례들을 통해서 개념적인 원리들을 보완, 설명하였다. 이 책을 통해서 독자들은 기계가 어떻게 작동하는지에 대해서 훨씬 더 많이 이해할 수 있으며 더 높은 성능과 낮은 비용의 혁신적인 기계를 창출할 수 있는 능력과 복잡한 기존 기계에 대한 분석 및 이해 능력이 향상될 것이다.

기계설계에 기구학적 관점들을 포함시킨 법칙과 기법들을 망라하고 설계 엔지니어는 이들을 습득하여 잘 정리된 실용적 지식을 함양함으로써 자신이 맡은 임무를 더 잘 수행할 수 있도록 만드는 것이 이 책을 쓴 목적이다. 이 법칙들 중 일부는 잘 알려져 있으나 일부는 그렇지 못하다. 기법들 중 일부는 새로운 것이다. **구속 패턴 분석기법**은 새로운 것이다. 이러한 법칙과 기법들을 망라하여 이런 방식으로 조합한 것은 확실히 새로운 것이다. 정확한 구속 설계 원리라고 통칭하여 부르는 이 기법은 기구학 분야에서 미스터리에 속하는 영역으로서, 정밀기구의 설계에만 국한되지 않고, 광범위한 기계설계 문제에 대해서 적용할 수 있는 기구학적 설계원리를 제공해주는 실용적인 방법론이다.

이 책에서는 정확한 구속설계에 대한 원리를 기초개념의 소개에서 시작해서, 익숙한 하드웨어 사례들을 통해서 점차적으로 개념을 확장시켜간다. 이런 접근방식을 통해서 추상적인 개념이 더 실제적인 개념으로 발전되기를 바란다. 이 책은 기구학적 연결기구의 카탈로그가 아니며, 다양하고 참신한 기구학적 연결의 사례들이 제시되어 있다. 저자는 제시한 사례들에 대해서 권리를 주장하지도, 정확성에 대해서 최초 발명자의 탓으로 돌리지도 않는다. 이 사례들은 정확한 구속설계의 다양한 원리들을 설명하기 위해서 사용되었을 뿐이다.

이 책의 배경

스코틀랜드 출신의 물리학자인 맥스웰(James Clerk Maxwell)은 비록 기구학의 원리를 처음으로 발견한 사람은 아니지만, 기구학적 설계의 해법이 무엇을 의미하는지를 명확하게 요약하였다. 그의 **과학적 기구에 대한 일반적인 고찰**[1]이라는 논문에서 그는 과학용 기구의 중요한 요소에 부가되는 기계적 구속의 숫자는 6에서 그 요소가 가져야 하는 자유도의 숫자를 뺀 값과 같아야만 한다고 적시하였다. 더욱이 그는 과도한 구속을 피하기 위해서는, 이 구속들이 적절하게 배치되어야 한다고 지적했다. 기구학적 설계이론의 기원과 발전에 대해서는 에반스(Chris Evans)의 **정밀공학 : 진화적 관점**[2]이라는 책에 잘 정리되어 있다.

기구학적 설계원리의 활용은 정밀기구 설계에 있어서 필수적인 과정으로 취급되고 있다. 화이트헤드(T. N. Whitehead)는 그의 책 **기구와 정밀 메커니즘의 설계와 활용**[3]에서 계측용 기구와 정밀 메커니즘의 설계에 있어서 정밀한 기구학적 설계를 필수 요건으로 명시하였다. 이런 원리를 준수함으로써 구성 요소들이 극한의 정밀도, 예측 가능한 성능, 무한히 작은 변형 등의 이득을 취할 수 있다.

1960년대에 이스트만 코닥사의 맥러드(Dr. John Mcleod)는 정밀광학 요소

---

1) Maxwell, J. C. The Scientific Papers of James Clerk Maxwell (vol. 2). Cambridge University Press, London, 1890.
2) Evans, C. J. Precision Engineering : An Evolutionary View. Cranfield Press, Bedford, UK, 1989.
3) Whitehead, T. N. The Design and Use of Instruments and Accurate Mechanism. Macmillan, New York, 1934.

들을 위한 강체 구조물과 유연 마운트의 설계에 기구학적 설계원리를 사용하였다. 플랙셔들은 인장이나 압축 방향에 대해서는 무시할 정도의 변형을 유발하면서 적절한 하중을 지지하지만, 힘의 방향 또는 굽힘 하중에 대해서는 매우 쉽게 구부러지는 얇은(보통 금속 재질의) 박판이나 와이어로 이루어진다. 맥러드(Dr. Mcleod)는 와이어 플랙셔들을 어떻게 다양한 패턴으로 연결할 수 있는지와 그에 따른 서로 다른 자유도를 제시하였다. 그는 또한 구조물에 사용된 판재나 막대가 비록 꽤 두껍더라도, 플랙셔와 형상이 유사하다면 부가된 하중에 대해서 유사한 응답 특성을 갖는다는 것을 관찰하였다. 이 관찰은 기구학적 설계원리를 구조물 설계 분야로까지 확장시키는 길을 열어주었다. 맥러드(Dr. Mcleod)는 어떤 관심 요소가 과도 구속도, 과소 구속도 아니며 **기구학적으로 올바른** 구속 패턴으로 구속되어 필요로 하는 정확한 자유도를 갖는 상태를 묘사하기 위해서 **정확한 구속**이라는 용어를 만들어냈다.

이러한 설계원리의 활용은 이스트만 코닥(Eastman Kodak) 사의 모스(John E. Morse)에 의해서 더욱 확대되었다. 전기 엔지니어인 모스(Mr. Morse)는 일어나기 어려운 일련의 사건들에 의한 훈련을 통해 정확한 구속설계에 발을 들이게 되었다. 그는 광학요소들의 마운팅을 위한 구조물과 플랙셔 메커니즘들 내에서의 과도 구속, 과소 구속 및 정확한 구속에 대한 맥러드(Dr. Mcleod)의 작업과 설명들을 잘 알고 있었다. 모스(Mr. Morse)가 겉보기에는 아무런 연관이 없어 보이는 띠형 판재의 이송 문제를 해결하기 위해서 노력한 적이 있었다. 그는 기계에 의해 이송되는 띠형 판재가 기계 내에서 실제로는 2차원적으로 강체인 부품처럼 작용하며, 기계와의 연결과정에서 과도 구속되어 있다는 엄청난 발견을 하게 되었다. 이 관찰을 통해서 모스(Mr. Morse)는 기구학적 설계의 원리를 띠형 판재 이송 문제의 분석과 해결에 이르기까지 확장할 수 있었다. 모스(Mr. Morse)는 이 기법을 꾸준히 개발 및 개선하였고 **정확한**

구속을 통한 띠형 판재의 취급이라고 불렀다. 1980년대 초반에 모스(Mr. Morse)는 이스트만 코닥사 전체에서 정확한 구속설계를 사용하도록 정열적으로 홍보하였고 **정확한 구속의 설계, 정확한 구속의 띠형 판재 취급**이라는 2종의 종합 노트와 다수의 강의록들을 작성하였다.

저자는 1984년부터 그가 은퇴한 1986년까지 그와 함께 일하는 행운을 누렸다. 이 기간 동안 기계설계의 많은 영역에서 설계 문제를 해결하기 위해서 기구학적 설계원리를 사용하는 것의 위력에 대한 굳은 믿음을 갖게 되었다. 저자는 꾸준히 이 분야에 종사해왔으며 이스트만 코닥사 전체 엔지니어들이 일반적으로 관심을 갖는 설계 문제에 대한 유명한 정확한 구속 해법들에 대해 설명하는 다수의 (코닥사 내부)논문들을 출간하였다. 다양한 요구에 답하기 위해서 최근 들어 저자는 이 주제에 대해 다루었던 다양한 출판물들을 취급하는 일들을 해왔다. 저자는 이 주제에 대해 흥미를 가지고 있는 누구나 이해하기 쉽고 사용하기 쉽도록 구속과 자유도 사이의 관계를 사례를 들어 보여주기 위해 이미 출판된 문헌들을 기초적인 내용들을 숙지할 수 있는 방식으로 재구성하였다.

저자는 특정한 해결책에 어떻게 도달하게 되었는지 설명할 방법을 찾기 위해 노력하였다. 구속들이 서로 직교하는 방향으로 배치되어 있지 않은 임의의 구속 패턴을 적용했을 때에 항상 물체의 자유도를 나타낼 수 있는 방법이 그때까지는 없었다. 이는 오랜 경험을 가지고 있는 훌륭한 설계자가 직관적으로 개발해놓고는 여전히 경험이 없는 누군가에게 명확하게 전수할 방법이 없는 종류의 일이었다. 심지어는 경험이 많은 설계자들도 이전에는 본 적이 없는 구속 패턴을 가지고 있는 기계적 연결구조를 이해하고 분석하는 데에 어려움을 겪는다. 저자가 정밀기구 설계 강좌를 수강하는 과정에서 한 가지 사례에 관심을 갖게 되었다. 이 강좌에서는 두 물체 사이의 기계적인 연결이 하나의 볼·소켓 조인트와 기울어진 직선을 따라 설치된 3개의 마이크로미터 나사연결로 이루어진 어떤 기구를 설명하고 있었다. 기구학적 설계에 많은 경험을 가지고 있던 그 강사는 3개의 나사들 각각에 의해서 제어되는 정확한 자유도들에 대해 설명하지 못했다. 그 순간 저자는 퍼즐 중 하나가 빠졌음을 알게 되었다.

저자는 결국 전형적인 3개의 병진(T)과 3개의 회전(R)으로 물체의 6 자유도를 나타내는 대신에 6개의 순수한 회전(R)을 사용함으로써 잃어버린 조각을 찾을 수 있었다. 이를 통해서 물체의 자유도를 나타내는 직선의 패턴과 기계에 가해진 구속을 나타내는 직선의 패턴 사이의 간단한 관계를 발견할 수 있었다. 이 관계가 **구속 패턴 분석**의 중심원리이다. 이것이 바로 그 잃어버린 퍼즐 조각이었다. 아이러니하게도 이는 전혀 새로운 내용이 아니었다. 단지 모호했을 뿐이었다. 나중에 다시 살펴봐야만 명확하게 알 수 있는 다양한 **현명한 해결책**들을 모두 깔끔하게 설명할 수 있는 방법이 이제는 존재한다. 이것이 바로 기구학적 설계가 적용되어 왔던 서로 다른 모든 영역들을 화합시켜주는 **접착제**였다. 이 책에서는 기계설계에 종사하는 모든 사람들에게 독창적이며 가치 있는 정보임이 증명된 원리와 기법들을 비교적 축약된 형식으로 정리하여 제시하고 있다.

대부분의 공학 서적들이 정량적인 성격을 가지고 있는 데에 반해 이 책에서 제시하는 원리와 기법들은 정성적이다. 이 책에 수록된 내용들은 다른 공학적 해석 기법들과 경쟁하거나 대체할 의도를 가지고 있지 않다. 오히려 정확한 구속설계를 원하는 기계에 적합한 **토폴로지**(topology)가 메커니즘이든, 구조든, 아니면 그 둘 모두이든지에 상관없이 설계자가 이를 찾아내는 것을 도와준다. 정확한 구속설계는 필요한 자유도를 구현하기 위해서 설계자가 기계적 구속의 올바른 배치와 배열을 수행할 수 있도록 안내해준다. 따라서 이 책은 설계 방법을 가르치고 있다. 이 책의 내용들은 올바른 공학적 기초지식과 함께 배워야만 한다.

감사의 글

십여 년 전에 이 주제에 대한 관심을 갖게 해준 모스(John E. Morse)에게 감사를 드린다. 이 주제는 모스(Mr. Morse)의 독창적이고 현명한 통찰력의 결과로부터 큰 추진력을 얻었다는 것이 확실하다. 그의 지도하에 일할 수 있는 기회를 가졌다는 것이 저자에게는 큰 행운이었다.

Contents

Chapter 01
물체 간의 2차원 연결

Chapter 08
띠형 판재의
정확한 구속

Chapter 01

물체 간의 2차원 연결

EXACT
CONSTRAINT

MACHINE DESIGN USING
KINEMATIC PRINCIPLES

물체 간의 2차원 연결

1.1 자유도

3차원 공간 속에서 물체는 정확히 6 자유도의 운동을 가지고 있다. 하지만 2차원 공간에서는 물체에 두 개의 병진운동과 하나의 회전운동으로 구성된 3 자유도만이 존재한다. 2차원의 사례로 평면 위에 놓인 카드보드를 생각해 보자. 카드보드가 테이블과의 접촉을 유지하는 상태에서는 테이블에 대해서 단지 3개의 자유도만을 갖게 된다.

1. 좌우로의 병진운동
2. 앞뒤로의 병진운동
3. 테이블 표면에 수직인 축에 대한 회전운동

병진 자유도를 나타내기 위해서 T라는 부호를 사용하며 회전 자유도를 나타내기 위해서 R이라는 부호를 사용한다.

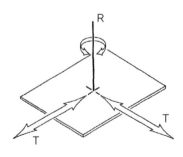

그림 1.1.1

1.2 좌표축

때로는 이런 자유도를 기준 프레임을 구축하는 데 사용하는 좌표축들에 대해서 정의하는 것이 편리하다. 3차원의 경우 X , Y 및 Z축이 서로 직교하는 전통적인 직교좌표계를 사용한다. 우리의 2차원 사례에서는 좌우 방향의 병진 자유도를 X 자유도, 앞뒤로의 병진을 Y 자유도로 정의한다. 회전운동을 Z축과 평행한 방향에 대해 이루어지므로 θ_z로 정의한다.

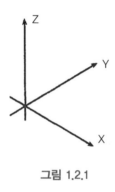

그림 1.2.1

1.3 구속

기준 물체에 대해서 대상 물체의 자유도가 감소하도록 두 물체 사이에 기계적인 연결이 이루어지면 대상물체가 구속되었다고 말한다.

물체에 가해지는 구속과 제거되는 자유도 사이에는 일대일의 상관관계가 있다. 예를 들어 자유 상태에서 3개의 자유도를 가지고 있는 2차원 물체에 하나의 구속이 가해지면 2개의 자유도만이 남아 있게 된다. 또한 2차원 물체에 두개의 구속조건이 적용된다면 오직 하나의 자유도만이 남게 된다. 3개의 구속조건이 적용되면 자유도는 없어지게 된다.

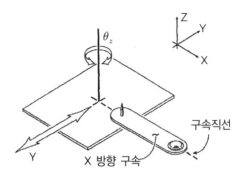

그림 1.3.1

다시 테이블 위에 놓인 카드보드지의 2차원 모델로 돌아가 본다. 이 모델에서 X 방향 자유도를 없애려면 **그림 1.3.1**에서와 같이 하나의 X 방향 구속을 적용해야 한다. 두 개의 압핀을 사용하여 카드보드로 만든 링크를 물체에 붙여서 자유도를 구속하였다. 링크의 한쪽 끝단은 2차원 물체에 부착하였고, 다른 한쪽은 테이블 표면에 고정하였다. 이를 통해서 대상 물체를 구속할 수 있게 되었다. 링크가 설치되어 있는 측선의 방향을 **구속직선**이라고 부른다. 구속은 다음과 같이 적용한다.

> 구속된 물체의 구속직선상에 위치하는 점들은 구속직선 방향으로는 움직일 수 없으며 그 직각 방향으로만 움직일 수 있다.

사례에서 링크의 구속직선은 X축과 평행하기 때문에 이 구속에 의해서 물체의 X 방향 자유도가 상실된다. 이에 따라서 물체는 더 이상 X 방향으로 움직일 수 없게 되었지만 여전히 θ_z 및 Y 방향으로는(미세운동에 한해서) 자유롭게 움직일 수 있다.

여기서 주의할 점은 물체가 Y 방향으로 무한한 운동 범위를 가지고 있지 못하다는 점이다. 이 물체는 그림에 도시된 위치에 놓여 있는 순간에만 Y 방향으로의 자유도를 가지고 있을 뿐이다. 예를 들어 가속 중인 자동차가 우리 앞을 지나치는 순간에 차량의 속도를 측정했을 때에 25km/h가 측정되었다고 하자. 그 직전의 속도는 25km/h보다 느릴 것이고 우리 앞을 지나친 다음에는 25km/h보다 빠를 것이다. 따라서 25km/h는 우리가 관심을 갖는 순간의 속도일 뿐이다. 이와 마찬가지로 **그림 1.3.1**의 모델은 그림에 도시되어 있는 위치에서만 θ_z 및 Y 방향으로의 자유도를 가지고 있는 것이다.

이제 링크와 동일한 기능을 수행하는 여타의 구속 장치들에 대해 살펴보기로 한다.

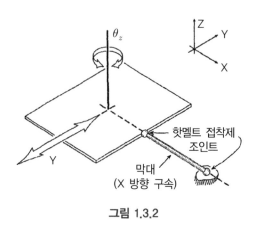

그림 1.3.2

그림 1.3.2에서는 물체를 막대로 연결한 모습을 보여주고 있다. 여기서 막대의 축선 방향이 구속직선이 된다. 연결막대는 양단을 핫멜트 접착제로 붙인 3mm 직경의 목재 막대로 생각할 수 있다. 막대의 한쪽 끝은 물체에 접착되며 다른 한쪽 끝은 테이블이나 작업표면에 접착된다. 핫멜트 접착제는 구속직선 방향에 대해서는 매우 강한 체결력을 가지고 있지만 조인트 위치에서 미소 회전변위를 허용할 만큼 충분히 유연하다.

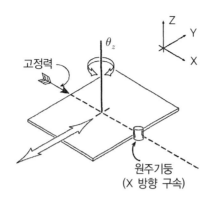

그림 1.3.3

그림 1.3.3에서와 같은 단순접촉점도 구속 장치로 활용된다. 그림에서 짧은 원주 기둥이 테이블 표면 위로 돌출되어 있으며 물체는 **고정력**(nesting force)에 의해서 접촉을 유지한다. 다른 어떤 부수적인 부하가 물체에 작용한다 하더라도 고정력은 Y 및 θ_z 방향으로 물체의 어떠한 운동에 대해서도 접촉을 유지하기에 충분한 크기를 가져야 한다. 그림과 같은 장치의 경우, 구속직선은 접촉 위치에서 접촉 표면에 직각인 방향으로 정의된다.

링크, 막대, 구속점들과 같이 우리가 선택한 구속 장치들의 유형에 관계없이 물체에 남아 있는 자유도는 서로 같다.

물체에는 구속직선과 교차하며 2차원 물체의 평면과 수직한 방향으로의 회전 자유도(R)와 구속직선에 직각이며 2차원 물체와 동일한 표면 방향으로의 병진(T)의 자유도를 가지고 있다. 이 두 개의 자유도는 서로 독립적이다. 즉, 물체는 구속직선상의 임의의 점을 중심으로 (미소각으로)회전하거나 동일한 점이 (미소변위의)병진운동을 할 수 있다. 각각의 운동은 별개 또는 동시에 발생할 수 있다. 이 두 가지 유형의 운동을 독립적으로 수행할 수 있기 때문에 물체가 2 자유도를 가지고 있다고 말할 수 있다.

링크, 막대 및 접촉점들 세 가지 요소로 구속되어 있는 2차원 물체에 대해 고찰해본 결과 이들이 기능적으로는 서로 같음을 알 수 있었다. 이들은 모두 물체의 1 자유도만을 구속한다. 어떤 구속요소를 사용하든 간에 관계없이 미소운동에 대해서 물체에 남아 있는 자유도는 동일하다.

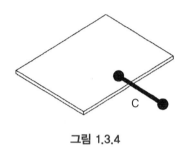

그림 1.3.4

다시 말해서 물체의 자유도에 대해서 살펴볼 때에는 어떤 요소가 사용되었는지는 중요하지 않으며 몇 개의 구속요소가 어디에 사용되었는지 만이 중요하다. 구속요소는 **그림 1.3.4**에서와 같은 심벌을 사용해서 나타낸다. 이것은 두 물체 사이를 막대 양단에 회전 조인트가 장착된 요소로 연결하고 있는 것처럼 생각할 수도 있다. 그림에서 **C**는 **구속**(constraint)을 의미한다.

1.4 주어진 직선상 구속의 기능적 등가

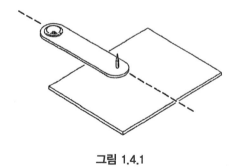

그림 1.4.1

만일 **그림 1.3.1**에 도시된 링크 요소가 **그림 1.4.1**에서와 같이 동일한 구속직선상에 위치하지만 2차원 물체의 반대편에 설치된다면 어떤 영향이 있을까?

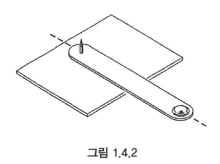

그림 1.4.2

또는 **그림 1.4.2**에서와 같이 길이가 긴 링크가 물체를 가로질러 먼 쪽에 연결되어 있지만 여전히 동일한 구속직선상에 놓여 있다면 어떻겠는가?

동일한 구속직선상에 위치한 링크의 길이, 연결된 방향이나 위치 등이 문제가 될까? 미소운동의 경우 전혀 영향을 받지 않는다. 동일한 구속직선상에서 적용된 어떠한 구속에 대해서도 물체에 남아 있는 두 개의 자유도는 항상 동일하다. 이 고찰을 통해서 다음과 같은 공리가 도출된다.

(미소변위에 대해서) 동일한 구속직선상에 놓여 있는 모든 구속조건들은 기능적으로 서로 동일하다.

1.5 과도 구속

그림 1.5.1의 A와 B에서와 같이 동일한 구속직선상에 두 개의 구속요소들을 함께 설치한다고 가정해보자. 이로 인하여 소위 **과도 구속**이라고 부르는 조건이 만들어진다. A와 B의 경우 모두 두 개의 구속요소들이 동일한 X 방향 자유도를 통제하기 위해서 서로 싸우게 된다.

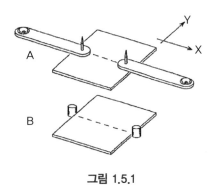

그림 1.5.1

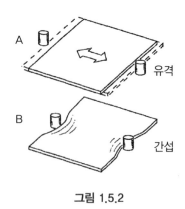

그림 1.5.2

과도 구속은 몇 가지 현실적인 문제들을 야기한다. 만일 물체나 구속요소의 형상 치수가 올바르지 않다면 부품들이 제대로 조립되지 않을 것이다. 이 경우 **그림 1.5.2**에서와 같이 **유격**이나 **간섭**이 발생하게 된다. 이로 인하여 덜 그럭거리거나, 위치가 부정확하거나, 너무 꽉 끼거나 들어맞지 않아서 조립조차 되지 않는 부품들 중에서 기계에 맞는 것을 골라야 하는 문제에 당면하게 된다. 만일 여기에 더 많은 비용을 지불할 용의가 있다면 완벽하게 서로 들어맞는 부품들을 제작할 수 있다. 이를 위해서는 치수 정확도를 맞추기 위해서 공차를 줄이거나 조립 과정에서 직접 드릴링 및 핀의 결합을 수행하는 현합 조립과 같은 특별한 기법을 활용해야 한다. 하지만 서로 완벽하게 들어맞는 부품들을 사용한다 하더라도 응력의 발생과 전파라는 또 다른 과도 구속에 의한 문제에 당면하게 된다.

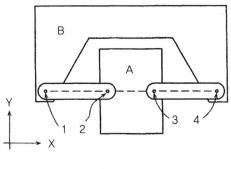

그림 1.5.3

그림 1.5.3에서와 같이 물체 A가 물체 B에 X 방향으로 과도 구속되어 있는 구조에 대해서 살펴보기로 한다. 조립은 현장에서 드릴링과 핀 결합을 수행하는 현합조립이나 형상 치수를 매우 정확하게 관리한 부품을 사용하여 수행되었다고 가정한다.

그런데 1~4 요소들의 치수가 온도 변화에 의해 약간 변하거나 외부요인에 의해서 물체 B가 변형되면 구속직선을 따라서 내부작용력이 생성되어 양쪽 물체 모두와 이들을 연결하는 링크의 내부에 응력이 생성된다. 만일 이 응력이 소재의 항복 응력에 근접할 정도로 너무 커지게 되면 조립상태가 취약해지며 파손에 이를 수도 있다. 실제로 이 사례에서 제시된 조립체의 강도는 링크를 하나만 사용하는 경우보다도 작다.

요약하면 과도 구속은 일반적으로 성능이 저하(굽힘, 응력, 수평, 부정확 등)되며 (엄격한 공차, 특수한 조립방법 등으로 인한) 비용의 증가를 초래한다. 이런 이유 때문에 우리는 항상 과도 구속을 파악하고 회피하기 위해서 노력해야만 한다.

1.6 순간회전중심(가상 피벗)

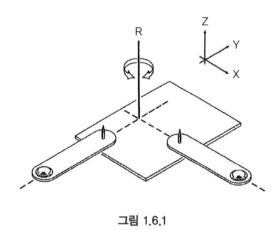

그림 1.6.1

지금부터는 2차원 물체의 두 번째 자유도를 없애는 방법을 살펴보기로 한다. 이는 **그림** 1.6.1에서와 같이 두 개의 링크를 사용해야 한다.

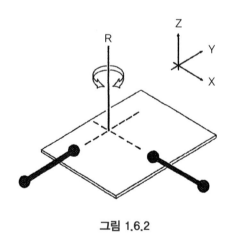

그림 1.6.2

이 상태를 심벌로 나타내면 **그림** 1.6.2와 같다. 이들 두 구속요소들을 사용하면 물체의 X 및 Y 방향으로의 병진운동 자유도가 제거된다. 이제 물체에는 단 하나의 자유도만이 남아 있게 된다. 이것은 회전 자유도로서 운동이 발생하는 위치는 X 및 Y 방향에 대한 구속직선들의 교점이며 회전축은 X—Y 평면에 수직이다. 이 회전축선을 **가상 피벗** 또는 **순간회전중심**이라고 부르는데, 순간회전중심이라는 이름이 의미하는 것처럼 물체가 움직이면 구속직선 역시 움직이게 되고 그에 따라서 교차점의 위치도 이동하게 된다. 물체가 미소한 운동만을 하는 많은 사례에서 순간회전중심의 이동은 무시할 정도로 작다. 교차하는 두 개의 구속직선들이 어떻게 피벗으로 작용하는지는 다음과 같이 설명할 수 있다. 1.3절의 설명에 따르면 물체 내의 구속직선상에 위치한 점들을 구속직선 방향으로는 움직일 수 없으며 구속직선에 수직한 방향으로의 운동만이 가능하다. 이로 인하여 물체는 구속직선상의 어느 한 점을 중심으로 회전해야만 한다. 2차원 물체에 두 개의 구속을 부가하면 두 개의 구속직선 모두에 속하는 점을 중심으로 물체가 회전해야만 한다. 두 개의 구속직선이 교차하는 점은 단 하나뿐이기 때문에 물체는 이 점을 수직으로 관통하는 축선을 중심으로만 회전할 수 있다.

1.7 미소운동

우리는 지금까지 물체의 미소운동에 대해서 논의하고 있다. 여기서 물체의 **미소운동**이란 구속직선들의 위치가 허용 가능한 수준의 작은 이동만을 일으키는 운동으로 정의한다. 얼마만큼의 이동이 허용 가능한가는 각각의 적용 사례들이 가지고 있는 요구조건에 따라서 서로 다르다.

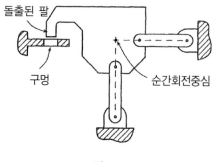

돌출된 팔

구멍

순간회전중심

그림 1.7.1

그림 1.7.1에서는 돌출된 팔을 가지고 있는 2차원 물체를 보여주고 있다. 이 기구의 의도된 기능은 돌출된 팔이 왕복 피벗 운동을 통해서 인접 부품에 성형된 구멍의 측벽과는 아무런 접촉이 없이 구멍 속을 드나들도록 하는 것이다.

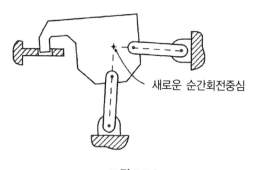

새로운 순간회전중심

그림 1.7.2

그림 1.7.2에서와 같이 물체가 5자유도의 회전을 일으키면 구속직선들이 이동하며 이들의 교차점 역시 이동(따라서 순간회전중심도 이동)한다.

그럼에도 불구하고 이 팔은 왕복운동을 통해 구멍의 측벽을 통과한다. 그러므로 이 메커니즘은 설계요구조건을 충족시키고 있다. 이 기구의 목적상 구속직선들의 위치 이동은 허용할 수 있을 정도로 충분히 작다.

1.8 동일한 점에서 교차하는 구속쌍들의 기능적 등가

우리는 1.6절을 통해서 X 방향 구속과 Y 방향 구속이 결합되어 이 구속직선들이 교차하는 점을 중심으로 순간회전중심이 정의된다는 것을 알게 되었다. 이제 역으로 원하는 회전운동 자유도의 중심 위치를 지정하고 두 구속직선이 놓일 적절한 위치를 찾아보기로 하자. 보통 물체는 미소운동만을 일으킨다고 가정하며 운동에 의해 순간회전중심의 위치가 이동하지 않는다고 생각한다.

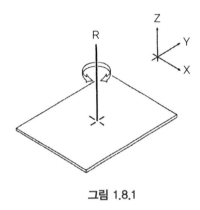

그림 1.8.1

그림 1.8.1에 도시되어 있는 것처럼 물체의 중심 위치에 대한 회전 자유도만을 갖는 2차원 물체를 위한 구속 형식을 설계하려고 한다. 이 사례는 2차원 물체를 위한 구속 형식을 설계하려고 한다.

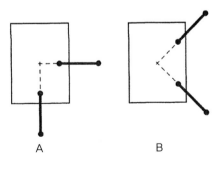

그림 1.8.2

이 사례는 2차원 문제이므로 구속요소들은 X—Y 평면상에 위치해야만 한다. 그리고 물체에는 하나의 자유도만 남아 있어야 하기에 정확히 두 개의 구속요소들만 사용해야 한다. 마지막으로 구속요소들의 연장선은 원하는 순간회전중심의 위에서 서로 교차해야만 한다. 다만 구속할 물체에 대해서 구속요소의 쌍들이 이뤄야 할 적절한 각도에 대해서는 어떠한 조건도 제시되어 있지 않다. 예들 들어 **그림 1.8.2**의 A와 B의 배치들 중에서 무엇을 선정해도 무방하다.

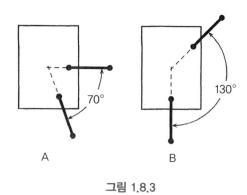

그림 1.8.3

사실 두 구속요소들 사이의 각도에는 정답이 없다. 예를 들어 **그림 1.8.3A**의 구속요소 쌍은 **그림 1.8.3B**와 동일한 순간회전중심을 가지고 있다. 따라서 구속직선들이 원하는 순간회전중심 위치에서 서로 교차하는 한도 내에서는 수많은 자세 조합이 가능하다. 물론, 이 과정에서 과도 구속이 발생하는 것을 피하기 위해 조심해야 한다. 1.5절에서 논의한 바와 같이 두 구속요소들이 동일한 직선상에 배치되면 과도 구속이 발생한다. 따라서 두 구속직선들이 이루는 각도가 0°나 180°에 근접하지 않도록 배치해야 한다. 두 구속직선들이 매우 좁은 각도를 가지고 서로 교차한다면 하나의 구속요소에 의해서 구속된 물체의 자유도가 두 번째 구속요소에 의해서 과도 구속된 상태에 근접하게 된다. 이것은 손실—손실 상태이다. 우선 하나의 자유도에 대한 과도 구속으로 인해

손해를 보게 되며, 직각 방향으로의 자유도를 구속하지 못함으로 인해 손해를 입는다.

따라서 두 개의 구속요소들을 물체의 두 직각 방향으로의 병진운동을 막기 위해서 사용한다면 두 요소들 사이의 각도는 90°로 선정하는 것이 최적이다. 사잇각이 0° 또는 180°에 접근하는 것이 가장 나쁘므로 이는 피해야 한다. 이제 구속요소 쌍의 교차에 대한 등가를 정의할 수 있다.

구속직선들이 주어진 점에서 서로 교차하는 모든 구속요소의 쌍들은 서로 동일한 점에서 구속직선들이 교차하는 한은 동일한 평면 내에서 다른 어떠한 쌍들과도 기능적으로 등가이다. 이는 미세운동에 대해서 적용되며 구속요소들 사잇각이 0° 또는 180°에 근접하지 않아야 한다.

따라서 구속요소들의 교차쌍에 의해서 반경 방향 직선들이 이루는 디스크가 정의되며 (사잇각이 너무 좁지 않다면)이들 중 두 개의 직선들을 선정하여 원래의 두 구속요소들을 등가로 대체할 수 있다.

1.9 가상 피벗의 사례

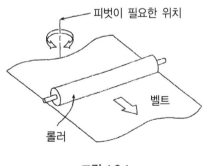

그림 1.9.1

가상 피벗(순간중심)을 만드는 것이 얼마나 유용한 기법인지를 설명하기 위해서 다음과 같은 설계 사례를 살펴보기로 한다.

그림 1.9.1의 롤러는 벨트 위에 얹혀서 화살표 방향으로 움직이는 컨베이어를 따라 구른다. 이때 롤러의 피벗축을 그림에서와 같이 컨베이어의 상류 측에 위치시키려고 한다. 기계 프레임에 대해서 이 위치에 롤러를 피벗시킴으로써 마치 트럭이 트레일러를 견인하듯이 롤러는 벨트위에서 자동적으로 정렬하게 된다. 불행히도 기계 내의 공간적 제약이 심하여 롤러의 상류 측에는 아무것도 설치할 수 없었다. 따라서 피벗 점과는 멀리 떨어진 위치에 구속요소들을 사용하여 **가상 피벗**을 설치하였다.

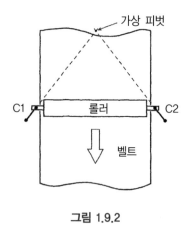

그림 1.9.2

그림 1.9.2의 2차원 개략도에서 구속요소 C_1과 C_2는 롤러의 하류 측에 위치하고 있지만 이들의 구속직선들은 원하는 상류 측 피벗축 위치에서 서로 교차하고 있다.

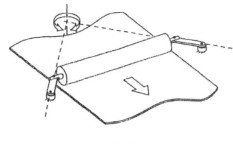

그림 1.9.3

그림 1.9.3에서는 **그림 1.9.2**의 개략적인 설계를 실제 하드웨어로 구현한 것이다. 두 링크의 구속직선들이 교차하면서 롤러의 가상 피벗축을 생성했다. 롤러의 **자가정렬**에 의해서 발생되는 미소운동에 대해 가상 피벗의 위치는 거의 변하지 않는다.

1.10 병렬 구속

평행한 두 개의 구속요소 배치는 두 개의 구속요소들이 서로 교차하는 배치와 서로 다른 부류인 것처럼 보인다. 하지만 실제로는 구속요소들이 무한히 먼 곳에서 서로 교차하는 일종의 특수한 경우에 해당된다.

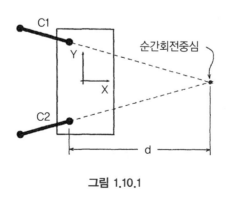

그림 1.10.1

그림 1.10.1에서와 같이 구속요소 C_1과 C_2가 물체로부터 거리 d인 위치에서 서로 교차하여 순간중심을 형성하는 경우에 대해 살펴보기로 하자.

물체가 순간중심에 대해서 미소각 회전을 하여 물체의 중심이 Y 방향으로 1mm 움직였다고 상상해보자.

다음으로 구속요소 C_1과 C_2 사이의 각도를 줄여서 거리 d를 두 배로 증가시키면 어떻게 될까? 만일 물체의 회전을 통해서 앞서와 동일하게 물체의 중심을 Y 방향으로 1mm 이동시킨다면 물체가 회전해야 하는 각도는 더 작을 것이다.

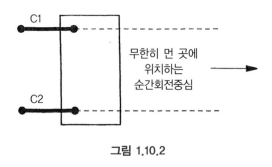

그림 1.10.2

거리 d를 계속해서 증가시키면 C_1과 C_2 사이의 각도는 더 작아질 것이고 앞서와 동일하게 물체의 중심을 Y 방향으로 1mm 움직이기 위해 순간회전중심에 대해서 물체가 회전해야 하는 각도 역시 더 작아질 것이다. 따라서 거리 d가 무한대에 접근하면 구속요소 C_1과 C_2가 평행하게 되면서, Y 방향으로 1mm만큼 운동하기 위해 순간회전중심에 대해 물체가 회전해야 하는 각도가 0이 된다.

이 고찰을 통해서 중요한 결과 하나가 도출되었다.

평행한 두 직선은 무한대에서 서로 교차한다.

이것은 매우 중요한 명제이다. 앞서의 사고 실험에서 거리 d를 점차로 증가시킬 때, 구속요소 C_1과 C_2가 교차하여야 한다는 요구조건을 항상 충족시켜준다.

두 번째 고찰은 병진운동을 멀리 떨어진 회전축에 대한 회전운동으로 근사할 수 있다는 것이다. 만일 이 축이 아주 멀리 떨어져 있다면, 이 회전축(R)을 중심으로 한 회전은 궁극적으로 순수한 병진운동(T)와 같다. 즉, 병진운동 T를 무한히 멀리 떨어진 축에 대한 회전 R로 똑같이 나타낼 수 있다.

현실적으로는 병진운동을 멀리 떨어져 있는 회전 R로 근사시킬 수 있다. 이 경우 R은 무한히 멀 필요도, 또는 아주 먼 곳에 위치할 필요도 없다. 예를 들어 탁상용 스테이플러의 경우, 스테이플러의 머리와 이음새 사이의 거리는 150mm에 불과하지만 스테이플러의 머리는 아주 만족스러운 수준으로 수직 방향 **병진**운동을 수행한다.

1.11 병진 구속요소 쌍의 기능적 등가

구속요소 쌍 교차의 등가원리에 따르면 구속요소들이 평행하게 배치되어 있는 어떠한 쌍들도 무한히 먼 곳에서는 서로 교차하기 때문에 기능적으로는 서로 같다.

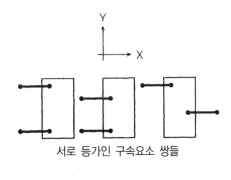

서로 등가인 구속요소 쌍들

그림 1.11.1

물체의 Y 방향 병진운동만이 자유로울 수 있도록 사각형 2D 물체를 구속하려고 한다면 **그림 1.11.1**에서와 같이 3가지 해결책을 생각해볼 수 있다. 이 해결책들 모두 올바르며 무한히 많은 경우의 해결책이 존재한다.

> 단일 무한평면상의 두 평행선이 물체에 작용하는 한 쌍의 구속요소를 나타내고 있다면, 이 평면을 통과하는 다른 어떤 두 평행선도 이 물체에 작용하는 두 구속요소를 등가로 대체할 수 있다.

물론 우리는 항상 구속요소들이 동일한(또는 거의 같은) 직선상에 배치되어 일어날 수 있는 과도 구속을 주의해야 한다. 구속요소들이 평행하게 배치되기 때문에, 배치 시 주의할 점은 구속요소들 사이의 각도가 아니라 **구속요소들 간의 거리**가 너무 작아지지 않도록 하는 것이다. 과도 구속을 피하기 위해서는 물체의 크기에 비해 구속요소들 사이의 거리가 너무 작지 않도록 배치해야 한다.

1.12 정확한 구속

지금까지 우리는 하나 또는 두 개의 자유도가 구속되지 않은 물체에 대해서 논의했다. 이제부터는 물체의 3 자유도 모두가 구속되는 특별하고도 중요한 경우에 대해서 살펴보기로 한다.

우선 **그림 1.12.1**에서와 같이 C_1 및 C_2에 의해서 2 자유도가 구속된 2D 물체에 대해서 살펴보기로 하자. 이 물체는 C_1과 C_2의 연장선이 교차하는 곳에 위치한 R_1의 회전 자유도를 가지고 있다. 이 자유도는 R_1으로부터 구속직선

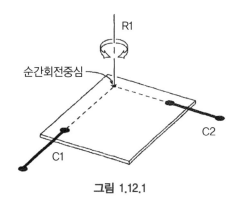

그림 1.12.1

이 거리 d만큼 떨어져 있는 제3의 구속요소를 C_3를 추가하여 구속할 수 있다. 이 구속요소 C_3를 R_1에 모멘트를 가하는 요소로 간주할 수 있다. 이때 거리 d는 **모멘트 팔**이 된다. 이 구속이 유효하려면 팔길이 d가 물체의 치수에 비하여 결코 작지 않아야 한다.

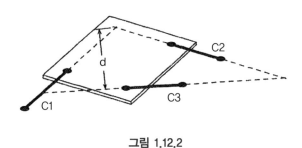

그림 1.12.2

3개의 구속요소들이 물체에 작용하여 물체의 자유도는 0으로 감소되었다. 여기서 어떠한 자유도도 과도 구속되지 않았으며 어떠한 자유도도 자유롭게 움직일 수 없다. 따라서 이 2D 물체는 정확하게 구속되어 있다.

이 2D 물체는 완전히 구속되어 있다. 하지만 **완전히**라는 용어가 물체 내각각의 자유도마다 하나의 구속요소를 사용하여 구속하였다는 사실을 강조하고 있지 못하다. 우리는 **정확한 구속**이라는 용어를 사용하여 해석의 엄밀성을 표현하고자 한다.

정확한 구속이라는 용어는 또한 추가적인 구속이 조건을 향상시키지 못한다는 것을 알려준다. (1.5절의 과도 구속 문제를 기억하기 바란다.)

일반적으로 2차원 물체에 적용된 3개의 구속요소들이 적절하게 배치되어 있는지를 확인하기에 알맞은 검사방법은 세 개의 구속직선들이 이루는 삼각형을 살펴보는 것이다. 각각의 구속요소들은 나머지 두 개의 구속직선들이 교차하면서 형성한 순간회전중심에 대해서 충분한 길이의 모멘트 팔이 필요하다. 그러므로 삼각형의 각 변들로부터 반대편 꼭짓점까지의 수직거리가 구속할 2D 물체의 치수에 비해서 작지 않아야만 한다.

1.13 구속 장치

하나 또는 그 이상의 물체 자유도를 구속하기 위한 기계적 연결 장치를 **구속 장치**라고 부른다. 우리는 앞에서 이미 링크, 접촉점 및 양단 회전 조인트를 갖는 막대와 같은 몇 가지 구속 장치들을 사용하였다. 이제부터 우리는 다양한 구속 장치들을 살펴볼 예정인데 이들 중에서 특정한 장치를 선택하기 위해서는 주어진 임무를 수행하기 위한 특정한 요구조건에 의거해야 한다. 하지만 어떤 형태의 구속 장치를 선택하더라도 설계자는 필요한 자유도만 남기고 기계의 각 부품들을 알맞게 구속하기 위해서 구속요소의 유형 설계 과정에서와 동일한 사고과정을 거쳐야만 한다.

1.14 핀과 구멍 연결

두 물체 사이의 핀과 구멍 연결 방법은 물체를 X 및 Y 방향으로 구속하기 위해서 사용하는 일반적인 구속 장치이다. 하지만 핀과 구멍 연결은 정의에 따르면 과도 구속이다.

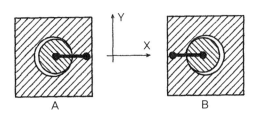

그림 1.14.1

1.5절에 따르면 과도 구속은 (A) 이완, 유격, 부정확한 부품 등이 조합되어 **흔들림**이 발생하거나, (B) 너무 꽉 끼어서 부품들이 걸리거나 조립되지 않거나 (C) 과도하게 정밀한 공차나 특수한 조립 기법을 사용하여 비싼 부품들을 **완벽**하게 끼워 맞추는 중에서 한 가지를 선택해야만 한다. 핀과 구멍 연결의 경우, 핀의 직경이 (A) 구멍보다 작거나(헐거운 끼워맞춤) (B) 구멍보다 크거나(억지 끼워맞춤) (C) 구멍 직경과 정확히 일치할 것이다.

이 연결이 과도 구속인 이유를 이해하기 위해서는 **그림 1.14.1**의 A 및 B에서와 같이 핀 직경이 구멍 직경보다 작은 경우를 세밀히 살펴봐야 한다. **그림 1.14.1A**에서 핀의 우측은 구멍의 우측과 접촉하고 있다. 이 접촉점이 X 방향 구속을 정의한다. 그런데 **그림 1.14.1B**에서는 핀의 좌측이 구멍의 좌측과 접촉을 한다. 이 접촉점이 첫 번째 구속직선과 동일한 선상에서 또 다른 X 방향 구속을 형성한다. 두 세트의 접촉점들이 동일한 X 방향 자유도를 구속하는 구속조건으로 서로 겹치게 된다. 1.5절의 정의에 따르면 이것은 명백한 과도 구속이다. 동일한 상황이 Y 방향으로도 존재한다. 따라서 구멍에 핀을 삽입하는 연결은 X 및 Y 방향 모두에 대해서 과도 구속을 이룬다.

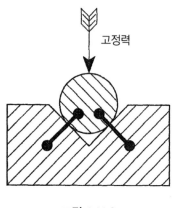

그림 1.14.2

그렇다면 우리는 항상 구멍에 핀을 삽입하는 연결을 피해야만 할까? 그렇지는 않다. 중간 정도의 위치 결정 정밀도가 필요한 경우에 매주 빈번하게 사용되고 있다. 하지만 극도로 높은 정밀도가 필요한 경우에는 절대로 사용해서는 안 된다. 훨씬 더 좋은 방법은 **그림 1.14.2**에 도시된 V자 홈에 접촉하는 핀 구조이다. 이 결합은 각 자유도마다 단 하나의 구속만이 사용되고 있다.

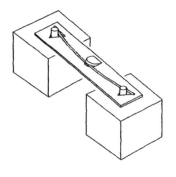

그림 1.14.3

이제 양단에 핀-구멍 연결을 사용하는 링크 기구에 대해서 다시 생각해보기로 하자. 비록 이 요소가 2D 구속 모델에 잘 적용되는 것처럼 보였지만 양단을 핀-구멍으로 연결하는 방식은 그 자체가 과도 구속이라는 것을 이제 이해할 수 있다. 만약 링크 기구를 초정밀 목적으로 사용하기 위해서는 원형 구멍을 **그림** 1.14.3에서와 같이 V자 홈으로 대체하여 설계를 개선해야만 한다. 여기서는 핀들이 각각의 V자 홈에 접촉을 유지하기 위해서 필요한 고정력을 부여하기 위해서 와이어 스프링이 사용되었다.

1.15 고정력

1.3절을 기억해보면 접촉점을 구속 장치로 사용하기 위해서는 두 물체가 서로 접촉을 유지하도록 **고정력**(nesting force)을 가해줘야 한다. 때로는 물체의 모든 구속요소를 접촉점으로 설계 하는 것이 바람직하다. 예를 들어 정밀한 위치 결정과 더불어서 자주 교체해야만 하는 상황에서는 이 방식이 매우 유용하다.

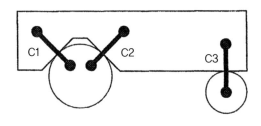

그림 1.15.1

각 접촉점들의 개별적인 고정력은 벡터 형태로 합산되어 모든 접촉점들의 접촉을 유지하기 위해 필요한 하나의 **알짜 고정력**이 된다. 두 개의 핀 위에 2D 물체가 위치해 있는 **그림 1.15.1**의 경우를 생각해보자.

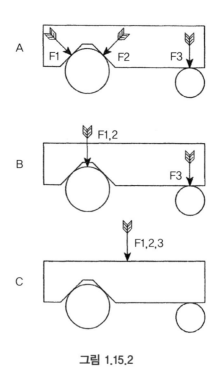

그림 1.15.2

각 구속요소들을 고정하기 위해서 필요한 개별적인 고정력들은 **그림 1.15.2A**에 도시되어 있다. **그림 1.15.2B**에서는 벡터 합산을 통해서 고정력 F_1과 F_2가 $F_{1,2}$로 합산되었다.

마지막으로 각 접촉점들을 균일한 힘으로 눌러 물체를 **고정**시켜주는 알짜 고정력 벡터$F_{1,2,3}$가 구해진다. **그림 1.15.3**에 묘사되어 있는 알짜 벡터 $F_{1,2,3}$는 F_1, F_2와 F_3가 합산된 벡터이다.

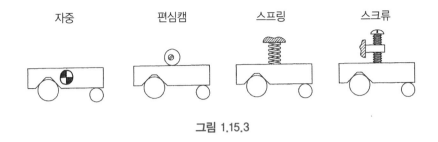

자중　편심캠　스프링　스크류

그림 1.15.3

고정력은 **그림 1.15.3**에서와 같이 매우 다양한 방법으로 부가할 수 있다.

1.16 고정력 허용 범위

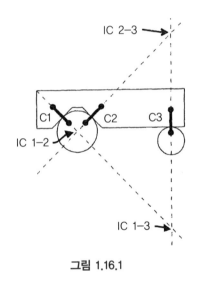

그림 1.16.1

앞 절에서 우리는 각 구속요소들에 가해진 개별적인 고정력들을 조합하여 하나의 알짜 고정력을 구하는 방법에 대해 살펴봤다. 그런데 신뢰성 있게 부품을 고정하기 위해서 얼마나 정확한 위치에 이 알짜 고정력이 위치해야 하는지를 살펴봐야 한다.

신뢰성 있는 고정을 구현하기 위해서는 알짜 고정력이 만족해야만 하는 **허용 범위**(window)가 존재한다. 이 허용 범위는 다음에 설명할 도식적 과정을 통해 알아낼 수 있다. 예로서 **그림 1.15.1**의 구조에 대해서 살펴보기로 하자. **그림 1.16.1**에서와 같이 C_1, C_2 및 C_3의 구속직선들을 연장하여 이들의 교차점을 찾는다.

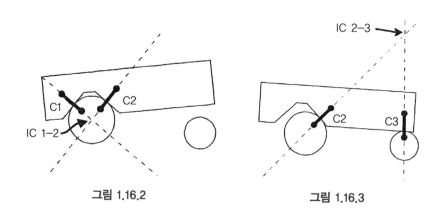

그림 1.16.2   **그림 1.16.3**

이제 **그림 1.16.2**에서와 같이 물체가 큰 핀에는 고정력을 받으며 접촉해 있지만 작은 핀과는 잘 접촉하지 않고 있는 상태를 상상해보기로 하자. 이 순간에 구속조건 C_1과 C_2는 작용하지만 C_3는 작용하지 않는다. 따라서 물체는 C_1과 C_2가 교차하는 점을 축으로 하여 회전할 수 있다. 이 점은 C_1과 C_2에 의해 만들어진 순간회전중심이다. 따라서 이 점을 $IC\ 1-2$라고 명명한다. 우리는 물체가 작은 핀(C_3)에 대해 고정되기를 바라므로 물체를 $IC\ 1-2$에 대해서 시계 방향으로 회전시키도록 고정력이 작용해야 한다.

다음으로 **그림 1.16.3**에서와 같이 물체가 C_2와 C_3에 의해서 일시적으로 구속되어 있지만 C_1은 작용되지 않는 경우를 생각해보자. 구속직선 C_2와 C_3가 교차하면서 $IC\ 2-3$을 중심으로 반시계 방향으로 회전할 수 있도록 고정력이 작용해야 한다.

마지막으로 물체가 일시적으로 C_1과 C_3에 의해 고정되어 있지만 C_2는 작용하지 않는 경우를 생각해보자. 앞서와 유사한 해석에 따르면 물체가 C_2와 접촉을 이루기 위해서는 물체가 $IC\ 1-3$을 중심으로 반시계 방향으로 회전할 수 있도록 고정력이 작용해야만 한다.

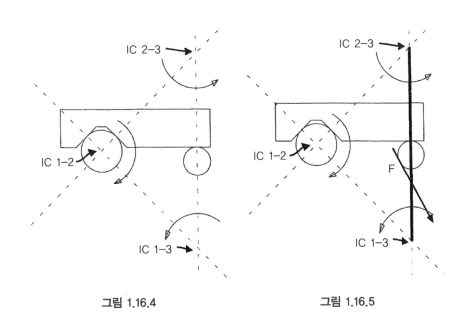

그림 1.16.4   **그림 1.16.5**

이런 세 가지의 회전 요구조건이 **그림 1.16.4**에 요약되어 있다. 전체적인 고정력을 만들어내기 위해서는 이 힘들 모두가 필요하다. 알짜 고정력의 작용 방향은 세 개의 순간중심 모두에 대해서 회전 화살표의 방향을 만족시켜야만 한다. 이 요건은 고정력이 이제부터 고찰하려고 하는 허용 범위를 만족하는 경우에만 충족된다.

이제부터 연장된 구속직선을 각각 교차점에 대해서 분할하여 살펴보기로 한다. 그런 다음 작용력이 넘어서는 안 될 선과 그 선상의 두 순간회전중심에 대해 올바른 회전을 일으키는 직선을 굵은 실선으로 나타내기로 하자. 예를 들어 C_3의 수직선은 $IC\ 2-3$과 $IC\ 1-3$ 사이의 선분, $IC\ 1-3$ 바깥쪽으로의 연장선 그리고 $IC\ 1-3$ 아래쪽으로의 연장선의 3개 요소로 이루어진다. 만일 **그림** 1.16.5에서와 같이 고정력 F가 $IC\ 2-3$ 및 $IC\ 1-3$사이의 선분을 가로지른다면, 이 힘은 $IC\ 2-3$과 $IC\ 1-3$에 대한 회전의 요구조건을 동시에 충족시키지 못한다. 즉, 이 고정력 F는 $IC\ 2-3$에 대해서는 올바른 방향의 회전을 일으키지만 $IC\ 1-3$에 대해서는 그렇지 못하다. 따라서 C_3 수직선의 $IC\ 2-3$와 $IC\ 1-3$ 사이의 선분은 굵은 실선으로 표시하며, 구속력의 작용선은 이 선분을 가로질러서는 안 된다.

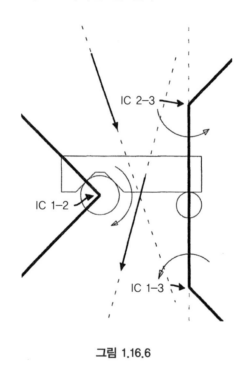

그림 1.16.6

아홉 개의 분할된 선분들에 대해 앞에서와 같은 분석을 수행한 결과, **그림** 1.16.6과 같은 그림을 도출할 수 있었다. **그림** 1.16.6에서는 접촉점에서 물체와 구속요소 사이에 마찰이 없는 경우에 물체를 고정하기 위해서 고정력이 통과해야만 하는 허용 범위를 도시하고 있다. 그림에서와 같이 허용 범위 내에서 작용하는 두 개의 힘 벡터들이 두 핀에 대해서 물체가 올바르게 고정되도록 하중을 가해준다.

마찰력의 고려

그림 1.16.2에서는 물체가 $IC\ 1-2$를 중심으로 시계 방향으로 회전하려는 상태를 보여주고 있다. 물체가 이런 회전운동을 일으키려면 구속요소 C_1 및 C_2의 접촉점에서 **미끄럼**이 발생해야만 한다. 하지만 이런 미끄럼 운동에는 반드시 마찰이 수반된다. 고정력은 C_1과 C_2의 구속직선 방향으로 고정력을 가하며 $IC\ 1-2$에 대해서 시계 방향으로의 회전을 유발한다. 하지만 실제로 회전이 발생하려면 C_1과 C_2 접촉점에서의 **마찰**을 이겨내야만 한다.

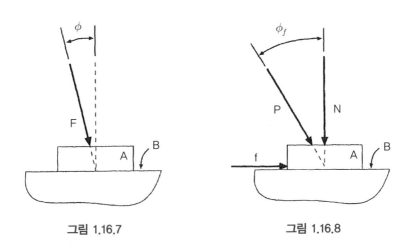

그림 1.16.7   그림 1.16.8

주제에서 조금 벗어나서 마찰을 분석하기 위한 도식적 기법에 대해서 살펴보기로 하자. 이 방법은 알짜 고정력의 허용 범위를 분석하는 데에 매우 유용하다.

그림 1.16.7에서와 같이 블록 A가 표면 B 위에 놓여 있으며 A와 B 사이의 마찰계수는 μ라고 하자. 그리고 블록 A위에서 임의의 각도 ϕ로 힘 F를 가하는 실험을 하려고 한다. 각도 ϕ가 작은 경우에는 블록 A가 표면 B 위에서 미끄러지지 않을 것이다. 이는 마찰이 블록을 제 위치에 붙잡아두기 때문이다. 이때에는 F가 아무리 커지더라도 운동이 일어나지 않는다. 작용력 F의 각도 $\phi = \phi_f$에 도달하게 되면 블록이 미끄러지기 시작한다.

마찰각도 ϕ_f는 다음의 조건을 만족하는 각도이다.

$$f = \mu \times N$$

그림 1.16.8에 도시되어 있는 것처럼 f는 힘의 미끄럼 방향 성분이며 N은 수직 방향 성분이다.

$$\phi_f = \tan^{(-1)}\left(\frac{f}{N}\right) = \tan^{(-1)}\mu$$

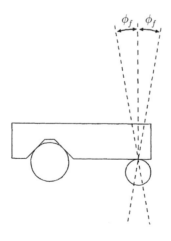

그림 1.16.9

이제 다시 고정력 허용 범위 분석으로 되돌아와서 문제에 마찰의 영향을 추가해보자. 이때 고정용 핀과 물체 사이의 마찰계수 μ의 크기는 이미 알고 있다고 가정한다. 우리는 마찰각 $\phi_f = \tan^{(-1)}\mu$를 구할 수 있다. **그림 1.16.9**에서 C_3의 접촉점에서 표면의 수직 방향에 대해서 양측으로 **마찰각**을 그릴 수 있다.

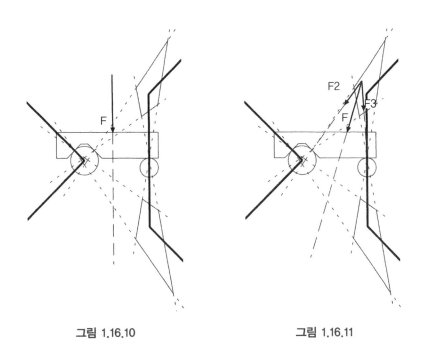

그림 1.16.10

그림 1.16.11

다음으로 각각의 접촉점들에 대해서 마찰각을 그린 후에 이 마찰각들이 서로 겹쳐지는 영역을 찾아낸다. 마지막으로 마찰각이 서로 겹쳐지는 영역들을 **그림 1.16.5**에서 구한 허용 범위에 추가한다. 이를 통해서 얻어진 **그림 1.16.10**에서는 접촉점에서의 마찰을 고려할 때, 물체에 신뢰성 있는 고정력을 가하기 위해서 알짜 고정력 벡터가 지나야만 하는 전보다 약간 더 작은 허용 범위를 보여주고 있다. 세 개의 마찰 영역을 추가함으로써 **그림 1.16.5**에서의 허용 범위의 크기는 축소되었다. 마찰 영역은 각각의 순간회전중심을 둘러싸고 있다. 알짜 고정력은 어떤 마찰 영역도 통과해서는 안 된다.

알짜 고정력이 마찰 영역을 통과하는 경우에 어떤 일이 발생하는지 살펴보기로 하자. 그림 1.16.11에서는 고정력 F가 $IC\ 2-3$을 둘러싸고 있는 마찰 영역을 통과하고 있다. 여기서 고정력 F는 F_2와 F_3의 두 성분으로 분해할 수 있다. F_2는 접촉점 C_2를 향하며 C_2의 마찰각 범위 내에 위치한다. F_3는 접촉점 C_3를 향하며 앞에서와 마찬가지로 C_3의 마찰각 범위 내에 존재한다. F_2와 F_3 모두가 각각의 마찰각 범위 내에 위치하므로 C_2와 C_3에서는 미끄럼이 발생하지 않는다. 따라서 필요한 회전운동이 발생하지 못하며 물체는 제대로 고정되지 않는다.

1.17 정밀도와 정확도

기계를 설계하는 과정에서 우리는 자주 **정밀도**(precision)와 **정확도**(accuracy)라는 용어를 접하게 된다.

(위치의) 정밀도나 **반복도**(repeatability)는 물체나 물체 상의 한 부분이 매번 정확히 동일한 위치에 되돌아가는 정도이다. 기계의 부품들이 정확한 구속을 갖도록 설계되어 있다면 자동적으로 월등한 정밀도가 구현된다.

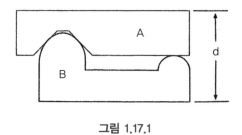

그림 1.17.1

예를 들어 **그림 1.17.1**에서와 같이 물체 A를 하부 부품 B에 접촉시켜 설치한 후에 거리 d를 측정한다. 만일 반복적으로 물체 A를 떼어냈다가 다시 설치한 후에 매번 거리 d를 측정한다면 거리 d의 편차가 거의 발생하지 않는다는 것을 알 수 있다.

(위치의) 정확도는 물체나 형상의 위치가 원하는 또는 의도한 위치와 정확히 일치하는 정도이다. 일반적으로 **정확도 없이도 정밀도를 구현할 수 있지만 정밀도 없이는 정확도를 구현할 수 없다.** 정확한 구속조건의 연결을 설계함으로써 일반적인, 저가의, 부정확한 부품들을 사용해서 고정될 기계를 만들어낼 수 있다. 그런 다음 조절이나 체결 기법을 사용하여 정확도를 구현한다.

예를 들어 치수 d를 25,000mm로 맞추려고 한다. 그런데 한쪽 또는 두 쪽 물체의 치수 부정확 때문에 실제 치수는 25,004mm가 되었다고 가정하자. 이 치수 부정확을 개선하기 위해 다양한 방법을 사용할 수 있다.

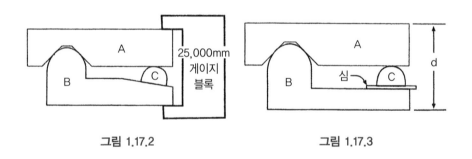

그림 1.17.2   그림 1.17.3

보완 방법 중 하나는 **그림 1.17.2**에서와 같이 두 부품이 정위치에 놓여서 치수 d가 25,000mm로 고정될 때까지 게이지로 부품들을 붙잡아두는 것이다. 반구형 부품 C는 아래에 놓인 부품 B의 경사면을 따라서 부품 A에 접촉할 때까지 올라간다. 그런 다음 부품 C를 부품 B에 볼팅하거나 접착한다.

그림 1.17.3에 도시되어 있는 또 다른 방법에서는 우선 치수 d를 측정한다.

그런 다음 이 측정값에 기초하여 적절한 두께의 심을 선택하여 반구형 부품 C와 하부 부품 B 사이에 삽입한다. 그런 다음 반구형 부품과 심을 하부 부품 B에 단단히 볼팅한다.

1.18 조절 가능한 구속 장치인 스크류

정확한 구속 결합을 활용한 설계의 장점들 중 하나는 비교적 저가의 부정확한 부품들을 사용하여 높은 수준의 정확도를 구현할 수 있다는 것이다. 그런데 부정확한 부품들을 조립하여 정확도를 구현하기 위해서는 정확한 **조립용 고정구**나 **조절 장치**에 의존해야 한다. 조절 장치는 일반적인 기계용 나사를 사용하여 손쉽게 설계할 수 있다. 이때 스크류의 끝단은 구속 장치의 접촉점으로 사용한다. 그런 다음 스크류를 돌려서 구속할 물체의 위치를 한 번에 하나의 자유도씩 구속할 수 있다. 구속요소들의 설계 위치를 잘 판단하여 선정하면 다른 요소에 영향이 가지 않도록 조절할 수 있다.

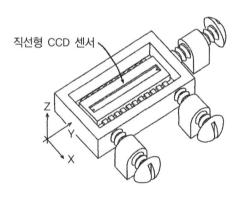

직선형 CCD 센서

그림 1.18.1

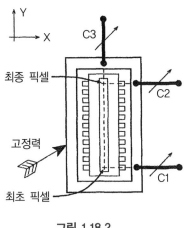

그림 1.18.2

그림 1.18.1에서는 광민감성 픽셀들이 1열로 배치되어 있는 직선형 CCD 센서를 보여주고 있다. 각 픽셀들은 $10\mu m$ 크기의 정사각형이며 픽셀들이 선형으로 배치되어 있고 총 길이는 25mm이다.

양 끝단 픽셀들의 위치는 X 및 Y 방향 모두 기준 영상에 대해서 정밀하게 정렬되어야만 한다. 이 조절을 위해서 3개의 스크류들이 사용된다. **그림 1.18.2** 에서는 조절 가능한 구속요소들을 심벌로 표시하여 구속 상태를 도식화시켜 놓았다.

공칭위치에서 구속선 C_1과 C_3는 첫 번째 픽셀 위치에서 서로 교차하므로 C_2의 거리 조절로 인해서 첫 번째 픽셀에는 아무런 움직임도 일어나지 않으며 마지막 픽셀의 X 방향 운동만 발생한다. 이와 마찬가지로 구속선 C_2와 C_3 는 마지막 픽셀 위치에서 서로 교차하므로 C_1의 거리 조절로 인해서 마지막 픽셀에는 아무런 움직임이 일어나지 않으며 첫 번째 픽셀의 X 방향 운동만 발생한다. 마지막으로 C_3의 거리 조절로 인해서는 픽셀의 열 전체가 순수한 Y 방향 운동을 수행한다.

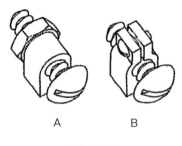

그림 1.18.3

일단 조절이 끝나고 나면 **그림 1.18.3**에 도시되어 있는 잼 너트(A)나 클램프 너트(B)를 사용하여 스크류를 고정시킨다.

1.19 열팽창에 대한 불감성 설계

온도 변화에 의해 유발되는 물체의 열팽창에도 불구하고 특별히 중요한 형상이 고정된 위치를 유지해야만 하는 장치(물체)를 마운트 할 필요가 있다고 생각해보자.

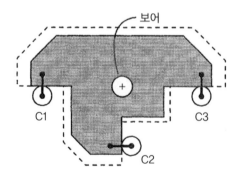

그림 1.19.1

그림 1.19.1에서는 보어축이 움직여서는 안 되는 물체의 사례를 보여주고 있다. (점선으로 과장되게 그려진) 물체의 열팽창에 의해서 물체 내의 모든 점들은 주어진(원점) 위치에 대해서 반경 방향 거리에 비례하여 움직인다. 보어의 중심을 원점으로 선정하고 모든 구속 표면들은 이 보어 중심에 대해서 반경 방향으로 배치한다. 그 결과 보어의 위치는 열팽창에 대해서 둔감해진다.

1.20 2차원 구속 패턴의 도표

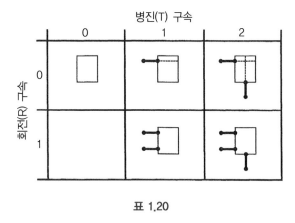

표 1.20

표 1.20에서는 2D 물체와 기준 물체(도시되지 않음) 사이에 직접 적용할 수 있는 다양한 유형의 직교 구속조건들을 요약하여 보여주고 있다.

1.21 순차 구속

2차원 물체에 직접 적용할 수 있는 구속 패턴들을 요약한 **2D 구속 패턴 도표**에 따르면 두 병진운동을 자유롭게 놓아두면서 2D 물체의 회전을 구속하는 패턴은 존재하지 않는다. 병진운동을 구속하지 않는 상태에서 회전운동을 구속하기 위해서는 **순차 구속**(cascading)이라는 기법을 활용해야 한다.

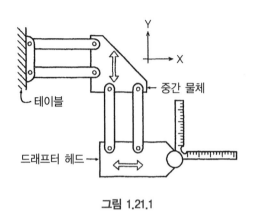

그림 1.21.1

이 방법에서는 중간 물체를 사용한다. 순차 구속에서, 구속할 물체는 1차 구속요소들에 의해서 중간 물체와 연결되며, 이어서 2차 구속요소들에 의해서 기준 물체(외부 바닥)에 연결한다. 순차 연결을 통해서 첫 번째 연결에서 허용된 자유도가 두 번째 연결의 자유도에 더해진다. 제도기는 순차 구속의 좋은 사례이다. 헤드와 중간 물체 사이의 연결은 X 방향으로의 자유도만을 가지고 있다. 중간 물체와 (외부)테이블 사이의 연결은 Y 방향의 자유도만을 가지고 있다. 그러므로 테이블에 대한 헤드의 운동은 X 및 Y 방향으로의 자유도만을 가지고 있으며 θ_z는 구속된다.

1.22 회전 구속

병진운동에 대한 구속 없이 순수하게 회전운동만 구속하는 방법에는 순차 구속만 있는 것은 아니다. **그림 1.22.1**에서 두 개의 도르래를 장착한 물체는 양단이 기준 물체에 고정된 단일 와이어에 의해서 회전 방향이 구속된다.

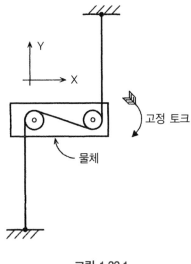

그림 1.22.1

그림에 도시되어 있는 것처럼 물체에 고정 토크가 가해져야만 한다. 그러면 물체는 X 및 Y 방향으로 자유로워진다. 이 방식은 일부 제도기에서 직선자를 회전 없이 수직 방향으로 이송하기 위해서 실제로 활용되고 있다. 고정 토크는 반대쪽 케이블에 의해서 가해진다.

1.23 R과 C들의 교차

1.3절에서 제시한 구속의 영향을 다시 살펴보면 다음과 같다.

구속된 물체의 구속직선상에 위치하는 점들은 구속직선 방향으로는 움직일 수 없으며 그 직각 방향으로만 움직일 수 있다.

이에 따라서 1.6절에서와 같이 2차원 물체의 회전 자유도(R)는 물체에 작용하는 모든 구속직선상의 어딘가(교차점)에 위치해야만 한다. 이를 좀 더 일반적으로 말하면 다음과 같다.

물체의 회전 자유도 축(R)은 물체에 가해지는 모든 구속(C)과 서로 교차한다.

1.10절에서 논의했던 것처럼 **교차**의 개념에는 무한히 먼 곳에서 교차가 이루어지는 **평행** 조건이 포함된다. 이것은 두 개의 구속조건들이 서로 교차하는 위치에 순간중심이 위치하는 이유를 설명해줄 뿐만 아니라 모든 물체들의 회전 자유도가 어디에 위치하는지를 설명해줄 수 있음을 확인할 수 있다.

물체의 R들이 물체에 가해진 모든 C들과 교차한다는 것은 정확한 구속 설계의 기초가 된다. 이 책의 나머지 장들을 통해서 우리는 이 기초를 확립해나갈 것이며, 그 과정에서 기계설계의 흥미롭고 유용한 발견들을 경험할 것이다.

1.24 무한히 먼 곳에 위치한 R과 등가로 표현된 T

물체에 임의로 작용한 C들에 의해 생성된 자유도(R)를 찾아내려 한다. 그런데 만약 하나 또는 그 이상의 자유도가 병진 자유도(T)라면 어떻게 되겠는가?

병진 자유도(T)는 무한히 먼 곳의 회전 자유도(R)로 나타 낼 수 있기 때문에 아무런 문제가 없다. 1.10절에 따르면 병진 자유도 T를 무한히 먼 곳에 위치하는 회전 자유도 R을 사용해서 똑같이 나타낼 수 있음을 발견했었다. 따라서 **그림** 1.1.1에서와 같이 두 개의 T와 하나의 R로 표현된 2D 물체의 자유도를 다른 방식으로 나타낼 수 있다.

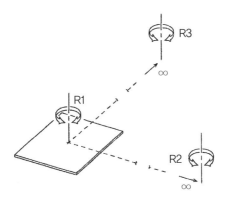

그림 1.24.1

그림 1.24.1에서와 같이 각각의 T들은 무한히 먼 곳에 위치하는 R을 사용하여 똑같이 나타낼 수 있다. 이때 R_1은 물체 상에 임의로 선정된 위치이다.

그림 1.24.1과 그림 1.1.1은 구속되지 않은 2D 물체의 자유도를 나타내는 등가의 방법이다. 3장에서는 공간 속에서 물체에 작용하는 C들이 나타내는 구속선들의 패턴과 그에 따른 R들 사이에서 존재하는 상관관계에 대해 살펴보기로 한다.

[단원 요약]

이 단원에서는 구속조건 C와 자유도 R에 대해서 정의했다. 물체에 구속이 가해지면 구속조건은 공간 내에서 직선으로 표현되며 그 직선을 따라서는 어떠한 운동도 허용되지 않는다. 두 개의 구속조건이 (거의)동일선상에 배치되면 **과도 구속**이 발생한다. 두 개의 2D 물체들 사이의 기계적인 연결은 2D 평면 내에서 구속직선들의 패턴으로 나타낼 수 있다. 두 개의 구속요소들을 사용하여 두 물체를 연결하면 **등가**직선의 패턴이 존재한다는 것을 발견했다. 이 패턴은 구속직선들 사이의 기하학적 상관관계에 의존한다. 만약 직선들이 유한한 위치에서 서로 교차하면 직선들의 반경 방향의 **원반**이 정의되며, 이들 중 임의의 두 개를 원래의 구속직선들로 등가 대체할 수 있다. 만일 직선들이 서로 평행(무한히 먼 곳에서 서로 교차)하다면 평면상에 배열된 무한한 수의 평행선들이 정의되며 이들 중 임의의 두 개를 선정하여 원래의 평행한 한 쌍의 구속직선들을 등가로 대체할 수 있다. 두 개의 구속요소들이 이루는 패턴이 2D 물체에 작용하면 구속직선들이 서로 교차하는 위치에서 2D 평면에 직각인 방향으로 하나의 **회전 자유도(R)**만 남게 된다. 두 개의 구속직선들이 서로 평행(무한히 먼 곳에서 교차)한 경우, R은 구속직선들이 서로 교차하는 무한히 먼 곳에 위치하며 이는 순수한 **병진운동 자유도**와 등가이다.

구속요소들이 두 물체의 사이를 직접 연결하고 있다면 이 연결을 구속직선들의 패턴으로 나타낼 수 있다. 하나 또는 그 이상의 중간 물체를 통해서 하나의 물체가 다른 물체에 연결되는 방식으로 두 물체가 순차 구속되어 있다면 이 연결은 각 순차 구속들이 가지고 있는 모든 R들의 자유도를 갖게 된다.

3차원 구속 장치

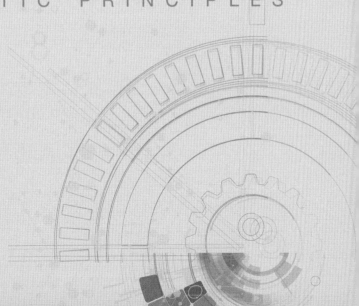

EXACT
CONSTRAINT

MACHINE DESIGN USING
KINEMATIC PRINCIPLES

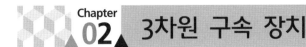

Chapter 02 3차원 구속 장치

정확한 구속 : 기구학적 원리를 이용한 기계설계

앞서 우리는 접촉점이나 양단에 피벗이 설치된 링크 연결 기구와 같은 단순한 구속 장치들을 사용하는 물체들 사이의 2D 연결에 대해 고찰을 해봤다. 이런 구속 장치들은 미소운동에 대해서 기능적으로 서로 등가이며, 어떤 구속요소를 사용하던 우리의 해석 목적을 위해서는 문제가 되지 않는다. 단지 구속요소의 사용 유무와 적용 위치만이 중요 할뿐이다.

이는 물체 간의 3차원 연결에 있어서도 동일하게 적용된다. 우리가 3D 연결방식에 대해서 더 배울수록 수많은 구속 장치들이 있음을 알게 될 것이다. 이들 중 일부는 1 자유도만을 구속하며, 어떤 것들은 패턴의 형태로 다수의 자유도를 구속한다.

그렇지만 우리는 각각의 구속들을 이미 익숙한 구속 심벌(**그림 1.3.4**)을 사용하여 나타낼 것이다. 우리의 고려 대상은 사용된 특정한 구속 장치가 아니라 이 구속 장치들이 작용하는 공간 내에서의 위치이다. 각각의 구속조건들은 공간 내에서 직선으로 표시된다.

하지만 설계자는 특정 구속 장치를 다른 장치들보다 더 선호하는 이유가 있다. 그런 이유들에는 연결의 본질적인 강성, 양방향 하중부가 가능성 여부, 분해-조립의 용이성, 허용 운동범위, 가격 등이 포함된다. 많은 경우 설계자의 경험에 따라 선정이 이루어진다. 이 장에서는 다양한 구속 장치들을 적용 사례에 대한 평가와 더불어서 다루고 있다.

2.1 볼과 소켓 조인트

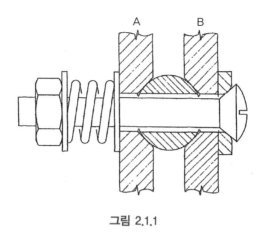

그림 2.1.1

볼과 소켓 조인트는 다중 구속 장치에서 자주 볼 수 있다. **그림 2.1.1**에서는 자체적으로 고정력을 발생시킬 수 있는 수단을 가지고 있는 볼과 소켓 조인트의 한 가지 형태를 보여주고 있다.

볼과 소켓 조인트를 사용하는 구속 장치는 기계에서 일반적으로 사용되며 심지어는 자연 속에서도 발견할 수 있다. 예를 들어 인간의 대퇴부 역시 볼과 소켓 조인트이다. 이런 유형의 조인트는 볼의 중심에서 서로 교차하는 3개의 구속직선들을 가지고 있다. 조인트는 볼의 중심에서 교차하는 3축에 대해서 회전을 허용한다.

트럭과 트레일러 사이의 연결기구도 볼-소켓 연결의 또 하나의 사례이다. 이 경우에는 볼을 반구보다 넓은 영역으로 감싸기 때문에 조인트가 과도 구속되어 있다. 이러한 과도 구속으로 인해 조인트는 약간 유격을 가지고 놀아야만 한다는 단점이 있다. 대신 이 조인트는 상/하/좌/우/전/후의 모든 방향으로 큰 힘을 받을 수 있는 장점을 가지고 있다. 이런 용도에 대해서는 모든 방향으로의 하중전달 능력이 중요한 반면에 조인트 내에서의 약간의 흔들림은 큰 문제가 되지 않는다.

그런데 (정밀 계측기 설계와 같이) 이완과 유격이 허용되지 않는 경우도 있다. 이런 용도에서는 볼과 소켓 사이의 연결에서 과도 구속이 발생하지 않도록 유의해야만 한다. **사면체 소켓**(사면체 소켓의 형상은 육면체 큐브의 한 꼭짓점을 진흙에 찍어 눌러 만들어진 형태이다.) 내에 조립된 볼은 서로 직각으로 배치된 세 개의 표면들이 과도 구속 없이 볼을 고정시켜준다. 볼의 중심과 사면체 소켓의 꼭짓점을 연결하는 직선 방향으로 작용하는 단 하나의 고정력만으로도 3개의 접촉점 모두의 결합을 유지할 수 있다. 이 연결방식은 비록 **기구학적으로** 완벽하지만 개선이 가능하다. 소위 **곡률 매칭**이라는 기법을 사용하여 이 조인트를 더 강하게 만들 수 있다.

2.2 곡률 매칭

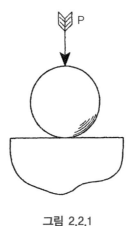

그림 2.2.1

강구가 평판과 접촉하여 하중을 받고 있는 상태를 살펴보자. 고정력 P는 구속직선을 따라서 작용하게 된다. 볼과 평판 사이의 접촉점에서는 높은 접촉 응력에 의해 눌림이 발생되며 강성이 저하된다. 이런 문제는 접촉 표면에서의 곡률 반경을 서로 비슷하게 매칭시키면 줄일 수 있다.

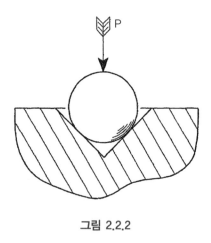

그림 2.2.2

사면체 소켓 내에 고정된 볼의 경우에도 **원추형 소켓**을 사용하여 개선할 수 있다. 우선 원추형 소켓은 가공이 용이하다. 그리고 볼과 소켓 사이의 결합은 3점(미소 면적)에서 선(링형 면적)으로 전환된다.

지구 좌표에서 사용하는 위도와 경도를 사용해서 이를 설명해보면 볼의 축선이 원추형 구멍의 축선과 일치할 때 위도선을 따라서(하지만 경도선은 맞지 않는다.) 곡률이 형성된다. 이 방법은 소켓의 형상에 엄격한 공차를 부가하지 않으면서도 근원적으로 볼과 소켓 사이의 강성을 증가시키고 응력을 감소시켜준다. 다시 말해서 볼과 소켓의 결합은 볼 직경의 미소 변화나 원추형 소켓의 각도 편차에 영향을 받지 않는다.

볼과 소켓의 계면에서 더욱더 강성을 높이고 응력을 줄이기 위해서는 경도선을 따라서 볼과 소켓 사이의 곡률을 매칭시켜야 한다. 사실 볼의 직경과 정확히 들어맞는 구형 소켓이 곡률 매칭에서 구현할 수 있는 궁극적인 결과이

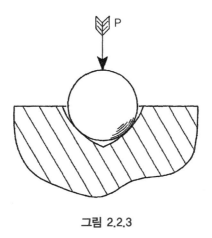

그림 2.2.3

다. 하지만 이런 유형의 결합은 현실적으로 구현하기 어렵다. 볼과 소켓 사이의 미소한 곡률 반경의 편차는 정합을 망쳐버린다. 경도선 방향으로 어느 정도의 곡률 매칭을 구현하면서도 이런 문제를 피하기 위해서는 경도선 방향으로의 소켓 곡률 반경이 볼보다는 약간 더 커야만 한다. **그림 2.2.3**에서는 볼이 안착되어 있는 소켓의 곡률 반경을 과장되게 왜곡한 단면도를 보여주고 있다. 이 소켓의 단면 형상은 **고딕 아크**와 유사하다. 소켓의 경도 방향으로의 곡률반경은 볼의 반경과 훨씬 더 근접한다. 결합 내에서의 높은 강성과 낮은 응력을 구현하기 위해서 볼과 소켓의 곡률을 정확히 일치시킬 필요가 없다는 것을 깨닫는 것이 매우 중요하다. 결합할 부품의 반경을 결합될 표면의 반경과 근접하게 설계할 때에 곡률 매칭의 장점이 실현될 수 있다.

2.3 1 자유도 구속 장치

가장 단순한 구속 장치인 끝이 구형인 접촉점은 미소한 부정렬에 상관없이 1 자유도 구속을 구현한다. C에서의 구속직선은 접촉점을 통과하며 접촉점

위치에서의 표면접선에 수직한다. 불행히도 평면상에서 볼의 점접촉은 높은 응력과 낮은 강성을 초래한다. 이런 상태는 곡률 매칭 원리를 사용하여 개선할 수 있다. 중간 물체를 A와 B 사이에 삽입하여 A와 B의 접촉 표면 모두가 매칭되도록 만들 수 있다. 이런 중간 물체의 예시가 바로 **C-클램프 다리**이다.

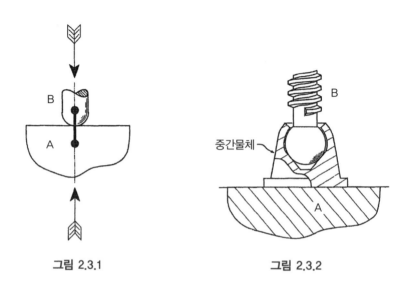

그림 2.3.1   그림 2.3.2

그림 2.3.2에서 볼에 대해서는 **링형 선접촉**이 이루어졌으며 평면에 대해서는 면접촉이 이루어졌다. 이에 따라서 순차 연결이 이루어졌다. 여기서 C-클램프 다리는 중간물체에 해당한다. 이 구조는 **그림 2.3.1**보다 훨씬 강성이 높다.

그림 2.3.3에서는 자체적으로 고정력을 가할 수 있는 수단을 구비한 C-클램프의 변형된 형태를 보여주고 있다. 이 구조는 A와 B 사이에 약간의 부정렬을 수용할 수 있는 구조이다. **그림 2.3.1**, **그림 2.3.2** 및 **그림 2.3.3**에서 제시된 구속 장치들은 모두 구속직선에 수직한 방향으로의 물체 운동이 구속 장치의 접촉 표면에서 미끄럼을 유발한다. 설계자는 미끄럼 표면에서의 마찰력이 원하는 운동의 자유도를 방해하지 않도록 세심한 주의를 기울여야 한다. 이런

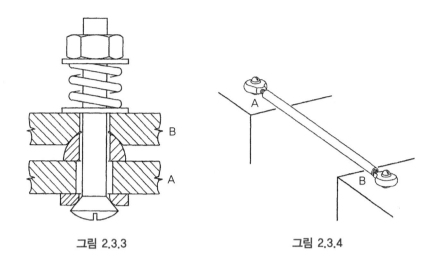

그림 2.3.3   그림 2.3.4

이유 때문에 설계자는 고정력을 낮추거나 양단에 볼-소켓을 장착한 막대와
같은 다른 형태의 구속 장치를 선호하게 된다. **그림 2.3.4**에 도시된 구속 장치
는 두 볼들의 중심을 가로지르는 직선을 따라서 1 자유도가 구속되며 구속직
선에 수직인 방향으로는 자유로운 운동이 가능하다.

두 물체 사이를 연결하는 가느다란 막대나 와이어는 그 부재가 연결된 축
선 방향으로 1 자유도를 구속할 때 사용할 수 있다. 연결 부재가 가늘기 때문
에 연결된 축선에 직각인 방향으로의 미소 이동이나 회전을 수용할 수 있는
반면에 축선 방향으로는 여전히 높은 강성을 제공한다. 이런 장치를 **와이어
플랙셔**라고 부르며, 3장에서 논의할 예정이다.

하중이 한쪽 방향으로만 작용하는 경우에는 **그림 2.3.5**에 도시되어 있는 구
속 장치들 중 하나를 사용할 수 있다. **그림 2.3.5A**에서는 두 물체에 각각 성형
되어 있는 홈 속에 끝이 둥근 막대가 고정되어 있는 구조를 보여주고 있다.
그림 2.3.5B는 와이어 케이블이다. 여기서 막대는 압축 하중만을 지지할 수 있
는 반면에 와이어는 인장 하중만을 지지할 수 있다.

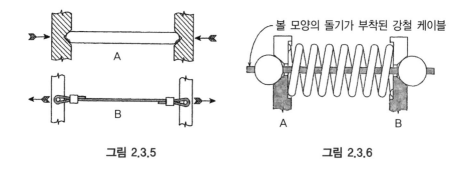

볼 모양의 돌기가 부착된 강철 케이블

그림 2.3.5   그림 2.3.6

그림 2.3.6에서는 코일 스프링을 추가하여 케이블 구속 장치의 개념을 개선시킨 사례이다. 이 구속 장치는 인장하중과 더불어서 스프링 예하중이 가해진 크기까지의 압축 하중도 지지할 수 있다. 또한 이 장치는 부정렬도 쉽게 수용할 수 있다.

물론 **그림 2.3.6**의 장치에 반드시 유연 케이블만을 사용할 필요는 없다. 볼 모양의 돌기가 자유롭게 회전할 수 있으므로 케이블을 강체인 강철봉으로 대체할 수 있다.

2.4 조절이 가능한 구속 장치

만일 조절이 가능한 구속 장치가 필요하다면 막대를 나사로 대체할 수 있다. 반구형 돌기들 중 하나를 너트로, 다른 하나를 나사 머리로 만든다.

매우 미세한 조절이 필요할 때에는 피치가 가는 나사를 자주 사용한다. 실제로 사용할 수 있는 가장 가는 나사인 80tpi(1인치당 나사산의 수) 나사의 경우, 매 1/8 회전마다 0.0015in(38μm)만큼 이동한다. 만약 이보다 더 미세한 나사가 필요하다면 **차동 나사**를 활용할 수 있다. 차동 나사는 한쪽 나사의 피치가 다른 쪽 나사의 피치와 약간 다른 두 개의 나사 부위로 구성되어 있다. 유

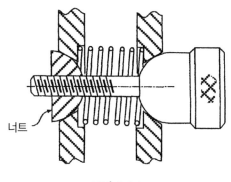

그림 2.4.1

효 피치는 두 피치들의 편차이다. 예를 들어 24tpi 스크류의 나사 피치는 0.0417in(1.059mm)이며 28tpi 스크류의 나사 피치는 0.0357in(0.907mm)로서 편차는 0.006in(0.152mm)에 불과하며 이는 168tpi 나사에 해당된다.

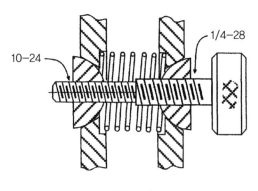

그림 2.4.2

그림 2.4.2에서 나사의 한쪽은 10-24 나사가 성형되어 있으며 다른 쪽에는 1/4-28 나사가 성형되어 있다. 각각의 너트와 자리면 사이의 마찰력은 나사가 회전할 때 너트에 따라 돌지 않도록 잡아준다.

이토록 유효 피치가 미세한 차동 나사를 사용할 때의 문제점은 운동 범위가 매우 제한된다는 점이다. 예를 들어 24tpi 나사와 28tpi 나사 모두 10회전이 가능한 길이라면(각각의 너트들에 대해서 약 0.4in의 축 방향 운동 가능) 차동 나사는 단지 1/16in(1.587mm)를 움직일 수 있을 뿐이다. 긴 조절 범위를 갖는 차동 나사를 만들기 위해서는 매우 긴 나사가 필요하며 이를 사용하는 사람은 엄청난 인내심이 필요할 것이다. 이런 문제점들은 차동 나사를 고안한 Stanford CT의 David에 의해서 거의 해결되었다. 차동 나사 장치를 두 개의 모드로 조작함으로써 콤팩트한 설계 속에서 대변위와 미소 유효 피치를 모두 구현하였다. **조동(coarse)** 모드에서는 (미세한 쪽)너트 하나를 나사와 함께 돌려서 차동효과의 발생을 막는다. 이 모드에서 10-24 나사만이 작동하므로 큰 범위의 조절이 구현된다. **미동(fine)** 모드에서는 두 나사 모두가 작동하므로 차동 효과가 생성된다. 1/4-28 나사의 너트부에 설치된 핀이 나사 머리의 하부로 돌출된 핀과의 접촉이 해지된 이후에 이 장치는 미동 모드로 작동한다. 이 기능은 나사 머리가 1회전할 동안만 유지된다. 실제 작동 시 나사를 (조동 모드로)적절한 세팅 위치를 조금 지나치게 돌린 후에 약간 뒤로 후퇴시킨 다음 다시 앞으로(1회전 미만으로) 돌린다. 이때에 장치는 자동으로 미동 모드로 전환된다.

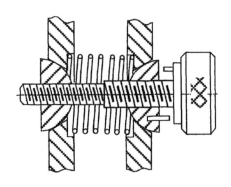

그림 2.4.3

이 장치는 끝단에 볼과 소켓이 장착된 막대의 길이를 효과적으로 조절해준다. 너트는 반구 형상을 가지고 있으며 연결시킬 두 물체의 원추형 구멍에 고정된다. 각 원추형 구멍에 삽입되는 반구의 각도는 60°이다. 이를 통해서 필요시 마찰이 너트를 시트에서 미끄러지며 돌지 않도록 해준다. 두 물체의 내측에는 얇은 카운터보어가 성형되어 코일 스프링의 시트로 사용되며 축 방향에 대한 고정력을 가한다.

2.5 바퀴

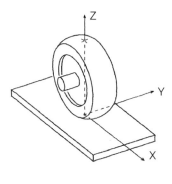

그림 2.5.1

바퀴는 Z 방향으로의 단일 구속을 구현하며 대(무한)변위를 허용한다. **그림 2.5.1**에 도시된 바퀴는 X 방향으로 무한히, 거의 힘을 들이지 않고 이동할 수 있다. 하지만 Y 방향으로의 운동에는 미끄러짐이 수반된다. 만일 바퀴에 큰 하중이 부가되며 마찰도 크다면 Y 방향 운동을 수용하기가 어려워진다. 이런 경우 자기 정렬이 가능한 캐스터 붙이 바퀴가 알맞다.

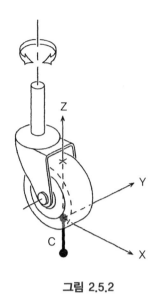

그림 2.5.2

그림 2.5.2에 도시된 캐스터 붙이 바퀴는 X-Y 평면상의 어떠한 방향으로의 운동이라도 수직축 방향으로의 회전을 통해서 수용할 수 있다. 캐스터 붙이 바퀴의 가동에 대해서는 8장에서 자세히 논의할 예정이다.

2.6 다자유도 구속 장치

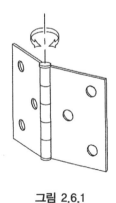

그림 2.6.1

그림 2.6.1에서 도시되어 있는 **힌지 요소**는 기계에서 일반적으로 볼 수 있는 다자유도 구속 장치이다. 이 힌지는 5 자유도를 구속하고 있다. 운동이 허용된 1 자유도는 힌지 축에 대한 회전이다.

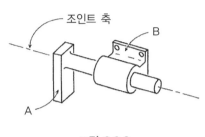

그림 2.6.2

그런데 **그림 2.6.2**에 도시된 장치에서처럼 축 방향 운동도 함께 구현할 수 있는 힌지도 만들 수 있다. 이 장치는 조인트 축에 대해서 반경 방향에 대한 4 자유도를 구속하며 2 자유도의 운동이 허용된다. 자유도 중 하나는 조인트 축 방향으로의 병진운동이며 나머지 하나는 조인트 축에 대한 회전운동이다.

만일 A와 B 사이의 접촉 표면의 형상을 원형이 아닌 다른 형태로 만든다면 **스플라인** 조인트를 구현할 수 있다. 이 경우에는 조인트 축에 대한 회전이 구속되며 조인트 축 방향으로의 병진운동만이 허용된다. 기구학을 전공하는 사람들은 스플라인 조인트를 **각기둥형**(prismatic) 조인트라고 부른다.

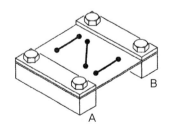

그림 2.6.3

그림 2.6.3에 도시되어 있는 박판 플랙셔는 두 물체를 연결하면서 와이어 플랙셔처럼 거동한다. 이 플랙셔는 얇아서 굽히기가 용이하며 플랙셔 평면상에 놓인 3개의 *R*들의 운동을 허용한다. 하지만 여전히 플랙셔 평면상에 놓인 3개의 *C*들을 구속할 수 있다. 박판형 플랙셔에 대해서는 4장에서 상세하게 논의할 예정이다.

여기서 마지막으로 논의할 구속 장치는 (예하중을 받는)**볼 베어링**이다. 이 요소는 매우 중요하며 자주 사용된다.

모든 볼 베어링들은 볼과 레이스 사이에 약간의 유격을 가지고 있다. 베어링을 손에 들고 외륜에 대해서 내륜을 흔들어 보면 이 유격을 감지할 수 있다.

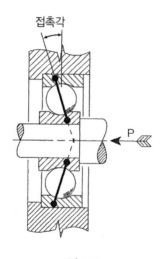

그림 2.6.4

그림 2.6.4에서와 같이 내륜과 외륜 사이에 가해지는 축 방향 예하중이 고정력으로 작용한다. 고정력이 올바르게 작용하면 내륜과 외륜 사이에는 비스듬한 방향으로 n개의 구속(n개의 볼 각각이 하나씩) 생성된다. 이 구속이 작용하는 각도를 볼 베어링의 **접촉각**이라고 부른다. 이들 모두는 베어링 축선 상

의 하나의 점에서 서로 교차한다.

3개 이상의 볼을 사용하는 볼 베어링은 3개 이상의 구속이 이루어지므로 명확히 과도 구속이다. 이런 이유에서 볼과 안내면은 정확하게 가공되어야만 한다. **그림 2.6.4**에 따르면 주축에 설치된 하나의 베어링은 여전히 3 자유도를 가지고 있음을 알 수 있다.

이 3 자유도는 n개의 구속직선들이 서로 교차하는 점을 통과하는 회전 자유도들이다. 흥미로운 점은 볼-소켓 조인트에서도 이와 동일하게 3개의 병진 자유도는 구속되고 3개의 회전 자유도는 풀려 있었다.

[단원 요약]

2장에서는 1장에서 사용했던 1 자유도 구속 장치로부터 구속요소들의 유형을 확장시켜 우리에게 낯익은 다양한 3차원 연결에서의 3차원 구속 패턴을 살펴보았다.

물체 간의 3차원 연결

Chapter 03 물체 간의 3차원 연결

정확한 구속 : 기구학적 원리를 이용한 기계설계

1장의 2차원 모델에서 중요란 개념들을 많이 소개했었다. 하지만 이제는 이런 단순한 모델에서 벗어나 3차원적인 상황을 전체적으로 살펴봐야 한다. 이 장에서 우리는 3차원 물체들 사이의 연결에 대해 분석해본다. 구속되지 않은 자유물체에는 2개의 독립적인 병진 자유도(X, Y, Z)와 3개의 독립적인 회전 자유도($\theta_x, \theta_y, \theta_z$)를 가지고 있다는 것은 이미 잘 알고 있다.

하지만 3차원 물체에 대한 기계적 연결이 물체의 자유도를 6개(구속이 없는 상태)에서 (구속에 의해)얼마나 작은 수로 줄이는지에 대해서 정확히 알지 못하고 있다.

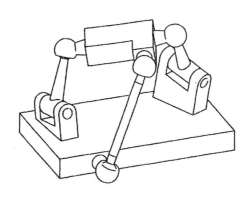

그림 3.0

예를 들어 물체가 바닥체에 3개의 팔(링크)에 의해 연결되어 있는 상태에 대해서 살펴보기로 하자. 이 3개의 팔들이 물체를 구속하고 있으며 그에 따라서 물체는 바닥체에 대해서 자유도가 줄어들었다는 점은 명확하다.

하지만 물체와 바닥체 사이에 정확히 어떤 자유도가 줄었고 어떤 자유도가 남았는지는 명확하지 않다. 잘 알려져 있지는 않지만 비교적 간단한 구속 패턴 해석기법을 통해서 **그림 3.0**과 같은 연결구조를 해석하여 물체의 자유도를 올바르게 분석할 수 있다. 이 장에서는 이런 문제를 해결하는 기법을 살펴보기로 한다.

3.1 2차원 사례의 3차원 모델 : 구속선도

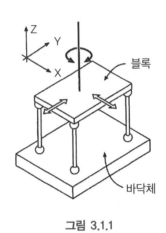

그림 3.1.1

그림 3.1.1에 도시되어 있는 모델은 목재 블록과 3개의 가느다란 목재 막대를 사용해서 제작되었다. 막대를 블록과 바닥체에 붙이기 위해서 핫멜트 접착제가 사용되었다. 각각의 막대는 구속요소들로서 미소운동에 대해서는 양단에 볼-소켓 조인트가 장착된 막대처럼 거동한다.

이런 모델을 만들고 나면 블록이 X, Y 및 θ_z 방향으로는 비교적 자유롭게 움직이지만 나머지 자유도인 Z, θ_x 및 θ_y 방향에 대해서는 매우 강하게 고정되어 있다는 것을 발견하게 된다. 여기서 막대들 각각은 블록과 바닥체 사이에서 구속조건으로 작용한다. 3개의 막대들이 협동하여 블록의 3 자유도를 구속하고 있다. 이런 유형의 구속요소 3개를 블록에 적용하여 블록의 자유도 3개를 제거한 것이다.

블록에 남아 있는 3 자유도(X, Y 및 θ_z)는 1장에서 구속되지 않은 2차원 모델이 가지고 있는 3 자유도와 정확히 일치한다.

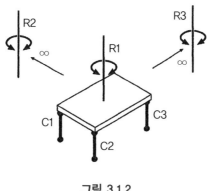

그림 3.1.2

우리는 **그림 3.1.2**에서와 같이 이 모델의 **구속선도**를 그릴 수 있다 이 도표에서 각각의 막대들은 구속요소 심벌(C)로 나타내었다. 물체의 자유도들은 각각의 회전 자유도(R)로 나타내었다.

앞에서 배웠던 것처럼 물체의 (X 및 Y 방향) 병진 자유도는 무한히 먼 곳에 위치하는 R들로 치환할 수 있다. 이 블록에는 3개의 C들과 3개의 R들이 있으며 이들 모두는, 당연한 얘기지만 서로 평행하다. 1.23절에 따르면 물체의 R들은 물체를 구속하는 C들과 서로 교차해야만 한다. **그림 3.1.2**에서 각각의 R들이 각각의 C들과 서로 교차하기 위해서는 R들이 C들과 서로 평행해서 무한히 먼 곳에서 서로 교차해야만 한다.

물체들 사이에 발생하는 조합 가능한 수많은 기계적 연결 관계를 탐구하기 위해서 우리는 이런 구속선도를 광범위하게 사용할 예정이다. 구속선도는 주어진 기계적 연결에 의해 물체에 생성된 구속선 C들의 패턴과 그에 따라서 생성되는 물체의 회전 자유도를 나타내는 R 벡터선들의 패턴 모두를 간단하게 가시화시킬 수 있도록 해준다.

3.2 R과 C 사이의 상관관계

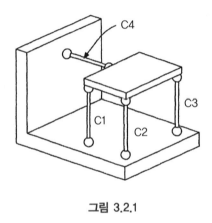

그림 3.2.1

이제 **그림 3.2.1**에서와 같이 앞서의 모델에 4번째 막대인 C_4를 추가함에 따른 영향을 살펴보기로 하자. 이것은 C_1, C_2 및 C_3의 구속요소들을 명확히 표시한 것을 제외하고는 **그림 1.3.2**의 구속조건과 정확히 일치한다. 따라서 C_4를 연결한 영향도 1.3절에서 발견한 결과와 정확히 일치한다. C 하나를 추가하면 R 하나가 없어지게 된다. 사용된 C(과도 구속을 제외한)들의 수와 남아있는 자유도(R)의 수를 합하면 6이 되어야 한다.

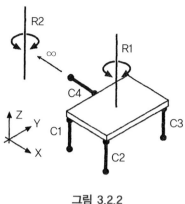

그림 3.2.2

그림 3.2.2에 두 개의 R들이 남아 있는 것처럼 물체에는 이제 2 자유도만이 남아 있다. R_1은 물체의 θ_z 방향 회전 자유도를 나타내며 (무한히 먼 곳에 위치하는)R_2는 물체의 Y 방향 병진운동 자유도를 나타낸다.

R_1과 R_2는 모두 C_4의 구속직선과 서로 교차하고 있으며 우리는 이들이 반드시 서로 교차해야만 한다는 것을 이미 알고 있다. 여기서 구속은 반드시 구속직선 방향으로의 운동을 막으며 구속직선에 수직한 방향으로의 운동만을 허용한다는 정의를 기억해야 한다. 이 때문에 남아 있는 모든 회전 자유도들은 구속직선과 서로 교차해야만 한다. 이 조건은 사용된 모든 구속요소들 각각에 적용되어야만 한다. 그림 3.2.2를 살펴보면 이 조건이 모두 성립되어 있음을 확인할 수 있다. R_1과 R_2는 C_4와 서로 수직으로 교차하며, C_1, C_2 및 C_3와는 서로 평행하기 때문에 무한히 먼 곳에서 서로 교차한다.

물체의 회전 자유도인 R들을 나타내는 직선들의 패턴과 물체에 가해진 구속에 의한 C들이 나타내는 직선들의 패턴 사이의 상관관계는 매우 중요하다. 이를 통해서 특정 패턴의 C들을 만들어내는 기계적 연결구조에 의해 생성된 물체의 R들을 찾아낼 수 있다. 물체에 가해진 C들의 패턴을 알고 있다면 다음의 법칙을 통해서 생성된 R들의 패턴을 찾아낼 수 있다.

> (과도 구속 없이) 물체와 바닥체 사이에 어떤 패턴으로 n개의 구속이 사용되었다면 물체는 $6-n$개의 회전 자유도를 갖게 되며 각각의 R들은 각각의 C들과 서로 교차한다.

구속직선 C가 회전 자유도 벡터 R과 서로 교차한다는 개념은 매우 상대적이다. 즉, 만일 어떤 C가 R과 교차한다면 R이 C와 교차한다는 개념도 성립된다. 이 개념을 약간 더 확장해보면 주어진 패턴의 C직선들로부터 회전 자유도 벡터 R들의 패턴을 찾아낼 수 있다면 주어진 R들의 패턴으로부터 구속선 C직선들의 패턴도 찾아낼 수 있다. 한쪽 패턴이 주어지면 그에 대응하는 패턴을 찾아낼 수 있다는 말이다. 즉, 주어진 C들에 대해서 해당하는 R들을 찾아낼 수 있으며 반대로 주어진 R에 대해서도 해당하는 C들을 찾아낼 수 있다.

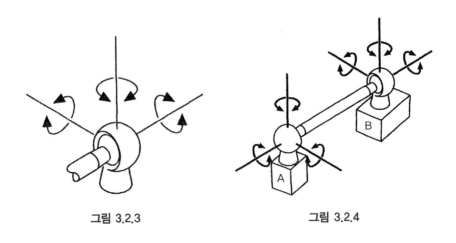

그림 3.2.3   그림 3.2.4

사례로서 **그림 3.2.3**에 도시되어 있는 볼과 소켓 연결에 대해서 살펴보기로 하자. 볼과 소켓 조인트는 X, Y 및 Z 방향의 병진운동을 구속하고 θ_x, θ_y 및 θ_z 방향의 회전 자유도는 허용한다는 것은 잘 알려진 사실이다. 이 연결 장치의 구속선도에 따르면 3개의 R들이 이루는 패턴이 볼의 중심에서 서로 교차하고 있다. 이에 대응하는 3개의 C들의 패턴 역시 볼의 중심에서 서로 교차한다. 즉, 한쪽 패턴의 모든 직선들이 이에 대응하는 패턴의 모든 직선들과 서로 교차한다.

이제 **그림 3.2.4**에서와 같이 양단에 볼과 소켓 조인트를 장착한 강체 막대로 물체 A와 B 사이를 연결한 경우에 대해서 살펴보기로 하자. 이것은 막대를 중간 물체로 사용하여 A와 B 사이를 순차 연결한 것에 해당한다. A에서 B까지를 순차적으로 연결했기 때문에 각 연결 부위에 자유도를 더해야만 한다. 전체적인 자유도 패턴은 첫 번째 볼의 중심에서 서로 교차하는 3개의 R들로 구성되며 두 번째 볼의 중심에서 추가적으로 3개의 R들이 서로 교차한다. 따라서 R들의 총 숫자는 6이다. 만약 우리가 C의 대응 패턴을 찾으려고 한다면 곧장 모순에 빠지게 된다. 왜냐하면 이 사례에서는 R의 직선이 6개이기 때문에 구속직선은 0개여야만 하기 때문이다. 그렇지만 모든 R직선들과 서로 교차하는 직선이 하나 존재한다. 이 직선이 두 개의 볼들의 중심을 통과하면서 모든 R패턴들과 서로 교차한다. 직관적으로 우리는 이 직선이 이 연결에 의해서 만들어지는 하나의 구속을 나타낸다는 것을 알 수 있다. 6개의 R들에는 잉여성분이 존재한다. (두 볼의 중심을 가르는)막대의 축선 상에 놓인 R의 직선은 각 볼-소켓 조인트마다 한 번씩 두 번 사용되었다. 그러므로 우리는 1 자유도를 과도 구속한 셈이다. 이로 인하여 연결막대는 이 축선에 대하여 회전운동을 일으킨다.

이제 C들의 패턴으로부터 R을 찾아내는 규칙으로 되돌아가자. C들의 패턴에서 출발하려면 패턴은 과도 구속되어 있지 않아야만 한다. 다시 말해서 C들의 잉여 구속직선을 포함하고 있지 않아야만 한다. 이 규칙을 역으로 적용하는 경우 (R들의 패턴으로부터 시작)에도 이 산술적 규칙(R의 수 + C의 수 = 6)이 적용되어야 하며, 패턴 내에는 잉여 직선이 존재하지 않아야만 한다.

따라서 C들의 패턴과 R들의 패턴 사이에 양방향으로 적용할 수 있도록 이법칙을 더 일반화시켜 제시할 수 있다. 이를 **대응 패턴의 규칙**이라고 부른다.

두 물체 사이에 C직선들로 이루어진 임의의 패턴이 부가되면 두 물체 사이에는 이에 대응하는 R직선들로 이루어진 패턴이 만들어진다. 한쪽의 패턴이 잉여성분 없이 n개의 직선들로 이루어져 있다면, 대응 패턴은 $6 - n$개의 직선들을 갖게 된다. 더욱이 한쪽 패턴의 모든 직선들은 대응 패턴의 모든 직선들과 서로 교차한다.

우리는 임의의 C들의 패턴들로부터 만들어지는 R들의 패턴을 찾아내기 위해서 대응 패턴의 규칙을 사용할 수 있다. 이제 몇 가지 사례에 대해서 살펴보기로 하자.

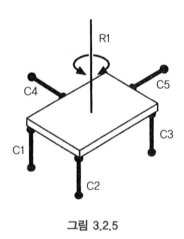

그림 3.2.5

그림 3.2.5에서는 이전의 모델에 C_5를 추가하였다. 대응 패턴 규칙을 적용하

면 5개의 C들로 이루어진 패턴에는 1개의 R만이 남는다는 것을 알 수 있다. 더욱이 이 1개의 R은 5개의 C들 모두와 서로 교차해야만 한다는 것도 알아 낼 수 있다. 이런 조건을 충족하는 R의 위치는 단 한 곳밖에 없다. 이 R은 C_4와 C_5의 교점을 통과하며 C_1, C_2 및 C_3와는 평행하며 무한히 먼 곳에서 이들과 교차해야만 한다. 이 직선을 제외하고는 공간 내에서 5개의 C들 모두 와 교차하는 직선은 없다.

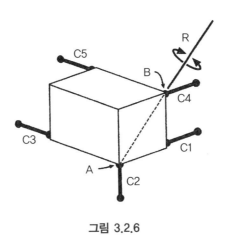

그림 3.2.6

그림 3.2.6에서는 5개의 구속요소에 의해서 구속되어 있는 또 다른 물체를 보여주고 있다. C_1, C_2 및 C_3는 A점에서 교차하며 C_4와 C_5는 B점에서 교차 한다. 우리의 규칙에 따르면, 이 물체는 정확히 하나(6 − 5 = 1)의 R을 가지고 있다. 이 R이 5개의 C들 모두와 서로 교차하기 위해서는 A와 B를 연결하는 직선을 통과해야만 한다.

앞의 두 사례들을 살펴보면 5개의 C들이 이루는 패턴은 3개의 C들이 한 점에서 교차하며 나머지 2개의 C들이 다른 한 점에서 교차한다. 이들로부터 만들어지는 R은 두 교차점을 잇는 직선상에 위치한다. 이것이 5개의 C들 모두와 서로 교차하는 유일한 직선이다.

그림 3.2.6에서 R을 찾아내는 또 다른 방법은 모든 C들이 놓이는 2개의 평면을 찾는 것이다. C_1, C_2 및 C_4는 수직 평면상에 놓여 있다. 우리가 찾으려하는 R 직선도 이 평면상에 위치해야만 한다. (이 직선은 C_1, C_2 및 C_4와 서로 교차하기 때문이다.) C_3와 C_5가 두 번째 평면(이 평면이 블록을 대각선 방향으로 분할)을 만들어낸다. 이 평면상에 놓인 모든 R직선들은 C_3 및 C_5와 서로 교차한다. 두 평면의 교차선이 공간 내에서 R이 놓일 유일한 위치이다. 이 교차선이 공간 내에서 두 평면이 공유하는 유일한 직선이다. 이 직선이 두 평면상에 위치하므로 5개의 모든 C들과 서로 교차한다.

3.3 무한히 먼 곳에서 R과 등가인 T

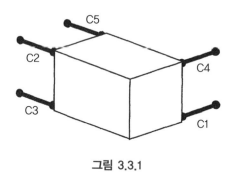

그림 3.3.1

그림 3.3.1에서는 두 개의 서로 평행한 수평선상에 놓인 5개의 C들이 물체를 구속하고 있는 사례를 보여주고 있다. 물체의 유일한 R을 찾아내기 위해서는 두 평면의 교차선을 찾아내야만 한다. 이것은 1.10절에서 두 직선의 교차점을 찾아내는 것과 동일한 경우이다. 두 평면의 교차선은 그림 3.3.2에 도시한 것처럼 물체를 중심으로 한 무한 반경 수평원의 접선이 될 것이다.

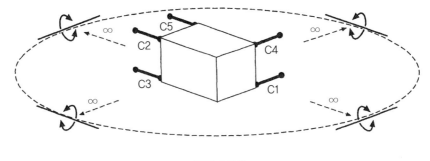

그림 3.3.2

이 물체에는 수직 방향 병진운동 T의 1 자유도만이 존재한다. 이것은 무한 반경 수평원의 접선 방향으로 어디에나 R이 존재하는 것과 등가이다.

일부 독자들은 직관적으로 **그림 3.3.1**에 도시된 물체의 자유도가 수직 방향 병진운동임을 알아차렸을 것이다. 사실 이 모델에는 수직 방향 구속요소는 없고 단지 수평 요소들뿐이다.

따라서 수직 방향 운동을 막을 수단이 없다는 것이 명백하다. 이런 독자들에게는 우선 모든 C들이 위치하는 2개의 평행면을 찾아내고 다음으로 무한히 먼 곳에서 서로 교차하는 R을 찾아낸 다음, 마지막으로 무한히 먼 곳에 위치하는 R을 등가의 수직 방향 병진운동으로 대체하는 과정이 매우 지루하고 난해하게 보일 수도 있다.

저자도 이 점에서는 동의하지만, 이 구속 패턴 해석을 통해서는 약간 돌아가더라도 올바른 결과를 얻을 수 있다. 따라서 문제가 너무 복잡하여 직관적인 해석만으로는 답을 찾을 수 없는 경우에는 이 구속 패턴 해석기법을 사용하면 손쉽게 올바른 답을 찾을 수 있을 것이다.

3.4 한 쌍의 R들의 교차 : 반경선들의 디스크

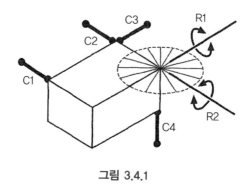

그림 3.4.1

그림 3.4.1에서와 같이 물체가 4개의 C들로 이루어진 패턴에 의해서 구속된 경우를 살펴보기로 하자. C들 중 3개는 물체의 상부면상에 놓여 있다. 네 번째 C는 물체의 우측 하단 모서리에 설치되어 있다. 대응 패턴 규칙에 따르면 물체에는 2개의 R들이 존재하며 이들은 4개의 C들 각각과 서로 교차해야만 한다. 이 2개의 R들은 중심이 C_4과 교차하며 C_1, C_2 및 C_3가 놓인 평면상에 있는 두 반경선상에 위치한다. 물체의 두 R들은 유일하게 결정되지 않는다. 이 디스크상의 임의의 두 직선은 4개의 C들 모두와 서로 교차한다. 디스크상의 어떠한 두 직선을 선정하여 물체의 두 R로 사용한다고 해도 올바르다.

> 서로 교차하는 회전 자유도 R들의 어떠한 쌍들도 이와 동일한 점을 가로지르며 동일한 평면상에 위치하는 다른 어떤 쌍의 회전 자유도와 등가이다. 이는 미소운동에 대해서만 유효하다.

이것은 1.8절에서 논의했던 교차하는 C들의 등가법칙과 정확히 일치한다. 거기서 서로 교차하는 한 쌍의 C들은 반경선들로 이루어진 평면 디스크를 형성하며, 이 선들 중에서 두 선들 사이의 각도가 너무 작지 않은 임의의 두 선을 사용하여 원래의 쌍을 등가로 대체할 수 있다. 하지만 두 선들 사이의 각도가 너무 작아지면 과도 구속조건에 근접하게 되는 것을 발견했었다.

직선들로 이루어진 평면 디스크 위에 2개의 서로 교차하는 R들이 위치하는 지금의 사례에서, 왜 매우 작은 각도를 갖는 2개의 R들을 선정하지 않도록 주의해야 하는지 알아볼 필요가 있다. 그를 위해 이제부터 2개의 R들이 교차하는 실제 하드웨어의 설계 문제에 대해서 살펴보도록 하자. 우리는 등가 반경선을 가지고 있는 평면형 디스크에 대한 지식으로부터 문제를 해결할 것이다.

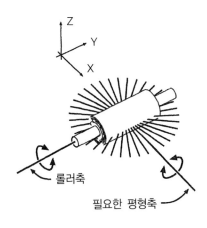

그림 3.4.2

그림 3.4.2에 도시되어 있는 롤러의 경우 2자유도를 필요로 하고 있다. θ_y 방향으로 자유롭게 회전할 수 있을 뿐만 아니라 X축으로의 미소회전(θ_x)을 통해서 수평을 유지해야만 한다. 불행히도 공간적 제약 때문에 X축 선상의 공간에는 어떠한 물체도 설치할 수 없다. 필요한 2개의 R들이 롤러 중심에서 교차하기 때문에 이들이 반경선으로 이루어진 (X-Y 평면상에서의) 평판 디스

크를 형성하며, 이들 중 임의의 두 반경선을 사용하여 θ_x 및 θ_y를 대체할 수 있다. 만일 설계 과정에서 θ_x 자유도를 제공하는 피벗 위치를 제외했다면 동일한 결과를 얻으면서 더 편리한 직선을 반경선 디스크에서 선정해야 한다.

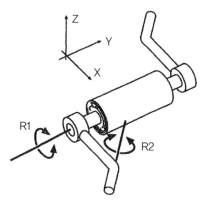

그림 3.4.3

1.2.1절에 따르면 **순차 연결** 기구를 설계할 때는 각 연결부의 자유도를 합산한다. 우리의 문제도 축선이 R_2 방향으로 경사진 피벗 기구를 통해서 롤러 축을 기계 프레임에 고정한 순차 메커니즘을 사용하여 해결할 수 있다. 베어링들은 롤러를 지지하면서 R_1이 정의된다. 이들 2개의 R들은 롤러의 중심에서 서로 교차하며 2개의 R을 갖게 되었다. 미소각 회전에 대해 경사 축은 롤러가 X축선 상에서 지지된 것과 정확히 동일한 효과를 구현할 수 있다.

이제 R_1과 R_2 사이의 각도 크기에 대해서 살펴보기로 하자. 우리의 롤러는 단지 몇 도의 θ_x 방향 회전(아마도 기계의 다른 부분과 자가 정렬)만이 필요할 뿐이므로 이를 **미소운동**으로 간주할 수 있다. R_2가 R_1(과 θ_x)에 대해서 45° 기울어진 각도로 설치된 경우조차도, 몇 도 정도의 각도에 대해서는 **본질적으로 순수한** θ_x 운동을 구현할 수 있다. 사실 우리는 R_1과 R_2의 사잇각을

45°보다 작게도 만들 수 있었다.

그런데 R_1과 R_2 사잇각이 0°에 접근하게 되면 어떤 일이 벌어질까에 대해서 생각해보면, θ_x 방향의 자유도는 없어지는 반면에 θ_y 방향으로의 롤러 축은 과도 구속되어버린다는 것이 명확하다.

따라서 이런 상황으로부터 서로 교차하는 2개의 R들은 서로 교차하는 2개의 C들과 정확히 동일하다는 것을 알 수 있다.

서로 교차하는 한 쌍의 C들이나 R들은 반경선들로 이루어진 디스크를 정의하며, (둘 사이의 각도가 너무 작지 않은) 임의의 두 반경선들을 선정하여 (미소운동에 대해서) 원래 쌍의 기능을 완벽하게 대체할 수 있다.

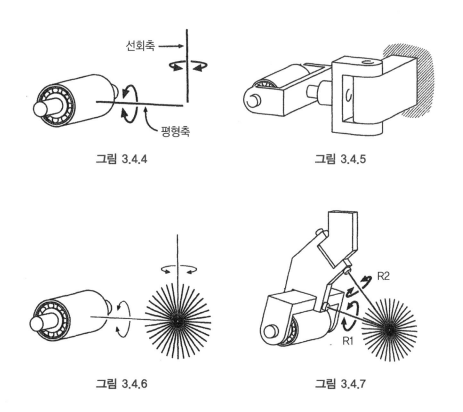

그림 3.4.4

그림 3.4.5

그림 3.4.6

그림 3.4.7

또 다른 사례가 이 원리를 설명해준다. **그림 3.4.4**에 도시되어 있는 물체는 (그림에 도시되어 있는) **선회**(caster) 축과 **평형**(gimbal) 축에 대한 미소각 회전에 대해서 물체가 자유롭게 움직일 수 있도록 마운트 되어야만 한다.

하지만 **그림 3.4.5**에 도시되어 있는 확실한 해법은 이미 다른 기계요소들이 그 공간을 차지하고 있어서 사용할 수가 없었다.

이에 대한 해결 방법은 우선 필요한 선회 축과 평형 축에 의해서 정의되는 반경선 디스크를 그린 후, R_1과 R_2가 모두 이 반경선 중 하나를 사용하는 순차 메커니즘을 설계하면 된다.

반경선 디스크는 **그림 3.4.6**에 도시되어 있다. 이 디스크는 선회 축과 평형 축이 이루는 수직 평면상에 놓여 있으며, 중심은 두 축의 교차점에 위치한다.

그림 3.4.7의 메커니즘은 디스크상의 다른 2개의 반경선에 대해 회전하지만, 미소운동에 대해서는 **그림 3.4.4**에서 요구하는 선회 및 평형 운동을 훌륭하게 구현할 수 있다.

3.5 한 쌍의 평행한 R들 : 평행선이 이루는 평면

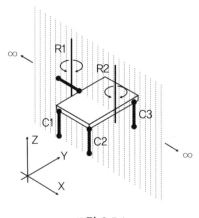

그림 3.5.1

3.2절에서 논의했던 2 자유도를 갖는 2차원 물체의 3차원 모델에 대해서 다시 살펴보기로 하자. **그림 3.2.1**에의 모델에서 C_1, C_2 및 C_3는 모두 평행하며 무한히 먼 곳에서 서로 교차하며, 수평 방향 구속요소는 C_4였다. 앞서의 고찰 결과 물체는 R_1과 R_2의 2 자유도를 가지고 있으며, R_2는 무한히 먼 곳에 위치하여 물체의 병진 자유도를 나타낸다는 것을 알게 되었다. 그런데 R_1과 R_2는 C_4와 교차하며 C_1, C_2 및 C_3 직선들과 평행한 하나의 평면상에 위치하는 2개의 평행선일 뿐이다. 대응 패턴의 법칙에 따르면 4개의 C들에 의한 패턴이 주어지면, 이에 대응되는 R들의 패턴은 평행선들이 이루는 무한한 평면상에 있는 임의의 두 직선으로 대체할 수 있다. 우리는 특정한 2개의 직선을 지정할 필요는 없다. 예를 들면, 물체의 자유도 중 하나를 Y 축선 방향으로 한정해서 지정할 필요가 없다.

그림 3.2.1에 나타난 물체의 자유도는 **그림 3.5.1**에 도시된 것처럼 물체의 근처에 위치하는 R_1과 R_2의 2 자유도를 가지고 있다고 말해도 된다. 이때의 R_1과 R_2는 $C_1 \sim C_4$의 구속 패턴이 정의한 평행선들이 이루는 평면 내에서 임의로 정한 두 직선이다.

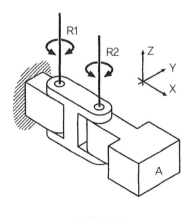

그림 3.5.2

이를 증명하기 위해서 **그림 3.5.2**에서와 같이 순차 연결된 2개의 평행 힌지로 블록 A를 연결한 기구를 고찰해보기로 하자. 여기서 블록 A는 2개의 회전 자유도 R_1과 R_2를 가지고 있다는 것이 명확하다. 이제 이 연결 기구는 블랙 박스로 감싸고 블록 A만이 밖으로 돌출되어 있다고 상상해본다. 그런 다음, 누군가를 불러와서 블록을 약간씩 움직이게 해서 미소운동에 대한 자유도를 판별하도록 시켜본다. 이 경우 시험자는 이 물체가 θ_z 방향 회전 자유도와 Y 방향 병진 자유도를 가지고 있다고 대답할 것이다.

시험자가 물체를 약간씩 움직여본 것만으로는 물체가 실제로는 2개의 힌지로 구속되어 있다는 것이나 이들 두 힌지의 위치를 알아낼 수는 없을 것이다.

물체의 2 자유도가 동시에 작용하면 이들이 조합되어 R_1과 R_2에 의해서 정의된 평행선들의 평면 내에 속해 있는 무한한 숫자의 평행선들이 만들어내는 물체의 회전 자유도가 구현된다. 예를 들어 물체가 R_1에 대해 시계 방향으로 조금 회전함과 동시에 R_2에 대해서 반시계 방향으로 동일한 각도만큼 회전하면 물체는 회전 없이 병진운동을 일으키게 된다. 이것은 무한히 먼 곳에 위치하는 R에 대한 회전과 등가임을 우리는 이미 알고 있다. 다양한 비율로 R_1과 R_2를 동시에 회전시킴으로써 물체는 R_1과 R_2에 의해서 정의된 평행선들이 이루는 평면상에 위치한 무한한 숫자의 평행선들 중 임의의 직선 축에 대한 회전을 구현할 수 있다.

따라서 다음과 같은 결과를 도출할 수 있다.

> 만일 평행선들이 이루는 무한 평면상의 두 직선이 물체의 두 R들을 나타낸다면, 이 평면상에 위치하는 다른 임의의 두 평행선들을 사용하여 물체의 두 R들을 등가로 대체할 수 있다.

물론 이것은 교차하는 R들의 쌍이 등가 반경선으로 이루어진 디스크 평면을 정의해주는 3.4절에서의 상황을 관찰하여 추론한 결론에 불가하다. 유일한 차이는 현재의 사례에서의 교차 위치가 무한히 먼 곳에 위치한다는 점뿐이다. 이는 또한 1.11절에서 평행한 C들에 대해서 얻은 결론과 동일하다.

3.6 잉여 직선들 : 과도 구속과 과소 구속

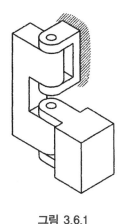

그림 3.6.1

직선들의 패턴이 **잉여 직선**을 포함하는 경우에 대해 인식하는 능력은 매우 중요하다. 잉여 직선을 포함하는 R들의 패턴은 과소 구속되어 있으며, 잉여 직선을 포함하는 C들의 패턴은 과도 구속되어 있다. 대응 패턴을 찾아내기 위해서 대응 패턴의 규칙을 사용할 때는 최초의 패턴에 잉여 직선이 있는지를 세심하게 살펴봐야 한다. 이제 우리는 다양한 패턴들 속에서 잉여성분을 찾아낼 수 있을 정도로 충분히 학습했다. 가장 간단한 잉여성분은 두 직선이 동일선상에 위치한 경우이다. 1.5절에 따르면 동일선상에 놓인 2개의 C들은 과도 구속을 일으킨다. 마찬가지로 동일 선상에 놓인 2개의 R들은 과소 구속을 유발한다. **그림 3.6.1**에서는 동일선상에 놓인 2개의 힌지 축들로 이루어진 순차 연결을 보여주고 있다. 이 물체는 마치 2개의 R들을 가지고 있는 것처럼 보이지만 실제로는 이 R들이 잉여성분이다. 이 물체는 단 하나의 R을 가지고 있다. 두 번째 R은 중간체에 독립적인 자유도를 부여해줄 뿐이다.

직선이 C냐 R이냐에 관계없이 동일선상에 놓인 2개의 직선은 잉여성분이다.

다음으로 (R이나 C의) 두 직선이 동일한 평면상에 놓인 경우에 대해 살펴보기로 하자. 이들은 동일 평면상에 위치하므로 반드시 서로 교차한다. (만약 평행하다 해도 무한히 먼 곳에서 교차한다.) 이 직선의 쌍들은 반경선들로 이루어진 디스크를 정의해주며, 이 중 임의의 두 직선을 사용하여 원래의 쌍과 등가인 조건을 만들어낼 수 있지만 동일한 평면상에서 동일한 교차점을 지나는 (R 또는 C와 동일한 유형의) 세 번째 직선이 추가되면 잉여성분이 발생한다. (일단 최초의 직선들 쌍에 의해 반경선들로 이루어진 디스크가 정의됐을 때 세 번째 직선이 이 반경선들 중 하나라면 이것은 잉여성분이다.)

이런 일련의 추론을 계속해보면 동일 평면상에 놓인 잉여성분이 없는 3개의 직선은 평면 내 임의의 점에 위치하는 반경선 디스크와 이 디스크에 속하지 않는 세 번째 직선의 조합과 등가임을 증명할 수 있다. 따라서 평면 내에 놓인 모든 직선들은 동일 평면상에 놓인 3개의 직선으로 이루어진 초기 패턴으로 치환할 수 있다. 이 패턴에 네 번째 직선이 추가될 경우에 이것이 최초의 3개 직선이 이루는 평면상에 위치한다면 이는 잉여성분이 된다.

이와 유사하게 한 점에서 교차하며 단일 평면상에 놓여 있지 않은 3개의 직선을 살펴보면 이 점을 지나는 모든 직선들은 최초의 3개의 직선들에 의해 정의된 별모양(구형) 반경선에 속한다는 것을 알 수 있다. 따라서 이 패턴에 추가된 네 번째 직선이 동일한 점에서 교차한다면 이는 잉여성분이 된다. 물론 이 조건은 무한히 먼 곳에서 서로 교차하는 평행선의 경우에도 마찬가지로 적용된다.

이는 매우 명확한 것처럼 보인다. 이는 최소한 100여 년 전에 과학 기구의 올바른 설계라는 주제의 과학 논문에서 앞서 설명한 과도 구속의 유형에 대해 요약하여 정리한 맥스웰(James Clerk Maxwell)의 덕분이다.[4] 그에 따르면 물체의 구속에 대해서 **2개가 동일선상에 있으면 안 되고 3개가 한 평면에 놓여 있으면서 한 점에 모이거나 평행해서는 안 되며, 4개가 한 평면에 놓여 있거나 한 점에 모이거나 평행해서는 안 된다. 더 일반적으로 말해서 하나의 판으로 쌍곡선을 만드는 시스템이 되어서는 안 된다. 구속이 5개인 경우는 ···. 그리고 6개인 경우에는 더 복잡하다.**

물론 이러한 구속 패턴은 사실 잘 알려져 있지 않았었기에 오랜 기간 동안 묻혀 있었다. 따라서 우리는 먼지를 털어내고 R들의 패턴을 포함시켜서 정의를 확장시켜야 한다.

반면에 맥스웰은 과도 구속을 나타내는 다양한 직선 패턴들을 나열했으며 우리는 이를 **잉여 패턴**이라고 부른다. 만약 이 직선들이 C들이라면 이들은 과도 구속이며 직선들이 R들이라면 과소 구속이다.

만일 잉여성분이 없는 직선 패턴을 가지고 있다면, 직선들의 대응 패턴을 찾아내기 위해서 대응 패턴의 규칙을 적용할 수 있다.

---

4) Maxwell, J. C. *General considerations concerning scientific apparatus*. In *The Scientific Papers of J. C. Maxwell* (vol. II) W. D. Niven(ed.). Cambridge University Press, London, 1890, pp. 507-508

3.7 복합 연결

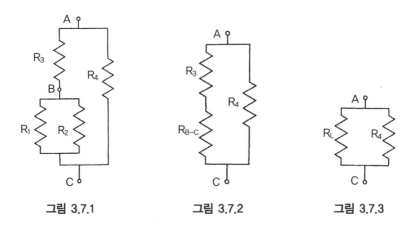

| 그림 3.7.1 | 그림 3.7.2 | 그림 3.7.3 |

많은 경우 기계 부품들은 직접 연결과 순차 연결이 복합된 형태로 서로 연결되어 있다. 이들을 **복합 연결**(compound connection)이라고 부른다. 기계의 복합 연결을 해석하는 것은 직렬 및 병렬 연결로 구성된 전기 저항회로를 단순화시키는 과정과 유사하다. 예를 들어 **그림 3.7.1**에서와 같이 A, B 및 C의 노드들 사이를 다양한 직렬(순차 연결) 및 병렬(직접 연결)로 연결한 저항 회로에 대해서 살펴보기로 하자.

여기서 A와 C 사이를 연결하는 등가저항 R_{A-C}를 구하려 한다고 생각해 보자. A와 C 사이에는 R_1, R_2 및 R_3로 이루어진 좌측 경로와 R_4로 이루어진 우측 경로의 두 병렬 경로가 존재한다. 전기저항 회로를 단순화시키고 R_{A-C} 값을 구하기 위해서는 회로의 안쪽에서 출발해서 바깥쪽으로 나와야 한다.

우선 R_1과 R_2를 합쳐서 R_{B-C}를 구해야 한다. R_1과 R_2는 서로 병렬 연결되어 있기 때문에, **전도도**(conductance) 값을 더한다.

$$\frac{1}{R_{B-C}} = \frac{1}{R_1} + \frac{1}{R_2}$$

그런 다음 R_3와 R_{B-C}를 직렬로 합쳐서 좌측 경로의 총 저항 값인 R_L을 구한다.

$$R_L = R_3 + R_{B-C}$$

마지막으로 R_L과 R_4를 합쳐서 R_{A-C}를 구한다.

$$\frac{1}{R_{A-C}} = \frac{1}{R_L} + \frac{1}{R_4}$$

요약해보면, 전기저항 회로에서 직렬 및 병렬 연결을 구분하여 적절하게 저항이나 전도도 값을 합산하면 회로를 단순화시킬 수 있다. 복잡한 기계적 연결구조를 해석하려 할 때도 이와 유사한 일들을 수행해야만 한다. 하지만 기계 연결의 경우에는 직접 연결과 순차 연결을 구분하고 그에 따라서 C나 R들을 서로 합산하여야 한다.

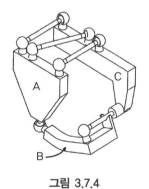

그림 3.7.4

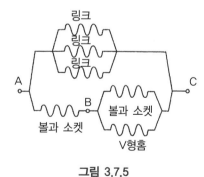

그림 3.7.5

그림 3.7.4에 도시되어 있는 기계 구조물에 대해서 물체 A와 C 사이에 존재하는 구속 패턴(또는 이에 대응되는 R패턴)을 찾아보기로 하자. 기계 연결구조를 나타내기 위해서 전기회로 해석에서 사용하는 회로도를 차용할 수 있다. 기계적인 회로도가 **그림 3.7.5**에 도시되어 있다.

우선 A와 C 사이를 연결하는 2개의 연결 경로에 대해서 살펴보면, 3개의 직접 구속요소들로 이루어진 상부 경로와 팔모양 중간체 B를 통해서 연결된 하부 경로로 구성되어 있다. 전기회로에서와 마찬가지로, 연결구조의 안쪽에서 출발해서 바깥쪽으로 나와야 한다.

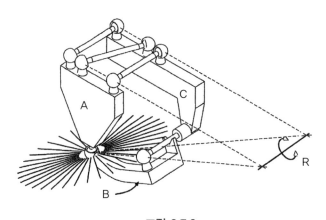

그림 3.7.6

우리는 볼-소켓(3개의 C)와 **V형홈** 내에 막대(2개의 C)가 직접 (병렬)연결되어 있는 $B-C$ 연결 부위부터 시작한다. 이 연결에는 5개의 C들이 사용되었다. 이에 대한 대응 패턴은 볼의 중심과 **V형홈** 내의 두 C들이 교차하는 점을 가로지르는 하나의 R이다. 이제는 하부 경로를 해석할 수 있다. 하부 경로는 순차 연결되어 있으므로 R들을 더하면 된다. $A-B$ 연결은 볼의 중심을 통과하는 3개의 R들을 가지고 있다. 이 R들을 $B-C$ 연결의 R과 합산하면 R의 수는 총 4개가 된다. (하부 경로에서) C들에 대한 대응 패턴은 $A-B$를 연결하는 볼-소켓의 중심을 통과하는 반경선으로 이루어진 평면 디스크의 두 반경선들과 $B-C$ 연결의 R에 의해 만들어진 평면이다. 하부 경로의 두 C들과 상부 경로 단일 평면상에 위치하는 3개의 C들이 결합되어 총 5개의 C가 생성된다. 이에 대한 대응 패턴은 상부경로 3개의 C들이 생성한 평면과 하부 경로 2개의 C들이 생성한 평면이 서로 교차하는 곳에 위치하는 하나의 R이 만들어진다.

3.8 R들 쌍의 벡터합

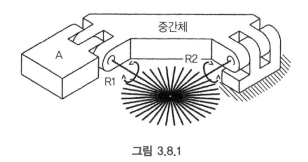

그림 3.8.1

그림 3.8.1에서와 같이 물체 A가 중간 물체에 힌지로 연결되고 이 중간체는 다시 두 번째 힌지에 의해서 바닥에 연결된 경우에 대해서 다시 살펴본다. 이 것은 순차 연결구조로서 5개의 구속(1 자유도)이 직렬로 두 번 연결되어 있다. 그 결과로 각 연결이 허용하는 자유도가 합해진다. 이 경우에는 각 힌지 축들이 허용하는 자유도는 하나의 R이다. 따라서 물체 A는 R_1과 R_2의 2개의 R들을 가지고 있다.

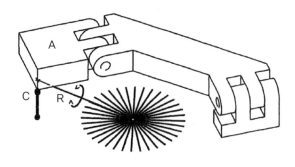

그림 3.8.2

R_1과 R_2는 서로 교차하므로 반경선들로 이루어진 평면 디스크가 생성된다는 것을 이미 알고 있으며, 이들 중 임의의 두 반경선들을 선택해서 물체 A의 2 자유도를 대체할 수 있다. 만일 **그림 3.8.2**에서와 같이 물체 A에 구속요소 C가 추가된다면 우리는 이 물체에 1 자유도만 남게 되며, 그 자유도는 반경선들 중에서 C와 교차하는 R이라는 것을 곧바로 알아차릴 수 있다.

물체 A가 비스듬하게 경사진 축선 R에 대해서 미소각 회전을 일으킬 때에 두 힌지에서 실제로는 어떤 일이 벌어지는지에 대해서 세밀하게 살펴보기로 하자. 회전 방향(CW 또는 CCW)을 명확하게 구분하기 위해서 R들은 화살표 방향이 (+)인 벡터로 표시한다.

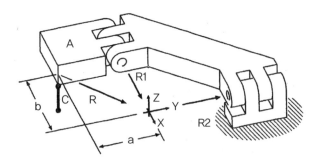

그림 3.8.3

이제 물체 A가 R에 대해서 양의 방향으로 미소한 각도만큼 회전하면, 두 힌지 축 R_1과 R_2에 대한 회전이 동시에 발생하는 것을 볼 수 있다. 사실, R_1과 R_2에 대한 회전량을 세밀하게 측정해보면, 구속직선 C 방향으로는 아무런 운동도 못하기 때문에 특정한 비율을 갖게 된다는 것을 발견하게 된다.

$$a \times R_1 = b \times R_2$$

그림 3.8.3에 따르면 이 비율은 구속요소 C에 의해서 만들어진 물리적인 조건이라는 것을 알 수 있다. 물체 A의 구속직선 C 위의 모든 점들은 C 방향으로 아무런 운동도 할 수 없으므로 R_1의 어떠한 회전도 반드시 적절한 비율의 R_2의 회전과 함께 수행되어, R_1으로부터는 a, R_2로부터는 b만큼의 거리에 위치하고 있는 구속요소 C의 위치에서는 두 회전이 서로 상쇄되어야만 한다. 따라서 R_1과 R_2의 회전은 서로 **쌍**을 이루고 있다고 말할 수 있다. 이들은 구속요소 C가 없을 때처럼 서로 독립적인 자유도를 갖지 못한다. 구속요소 C가 설치되고 나면 물체 A는 단 하나의 자유도인 R만을 갖게 된다. 이 자유도는 정확한 비율로 수행되는 R_1과 R_2의 미소각 회전의 조합과 일치한다.

$$\frac{R_1}{R_2} = \frac{b}{a}$$

이들 두 회전은 R_1과 R_2 방향으로의 R의 벡터 성분이다.

R_1과 R_2 방향으로의 한 쌍의 회전을 벡터로 합하면 R이 만들어진다.

3.9 헬리컬 자유도(스크류)

이번에는 **그림 3.9.1**에서와 같이 물체 A는 순차 연결을 통해서 2개의 R들을 가지고 있지만, 앞의 사례와는 달리 두 R들이 서로 교차하지 않는 경우에 대해서 살펴보기로 하자. R_x와 R_y는 서로 교차하지 않기 때문에 반경선으로 이루어진 평면 디스크가 만들어지지 않는다.

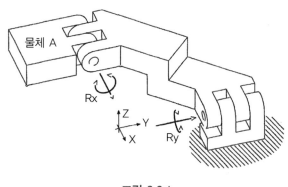

그림 3.9.1

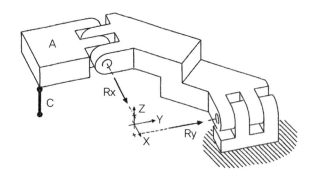

그림 3.9.2

그러므로 **그림 3.9.2**에서와 같이 물체에 구속요소 C를 추가한 후에 물체에 남아 있는 1 자유도를 찾아내려면 구속선 방향으로는 아무런 운동도 유발하지 않는 R_x와 R_y 벡터 쌍들 사이의 비례 값을 찾아야 한다. 그런 다음, 이들 두 벡터를 조합하여 합성벡터를 구해야 한다. 이 벡터는 물체에 남아 있는 1 자유도를 나타낸다.

구속요소 C를 추가하기 전에 물체 A에는 R_x와 R_y의 2 자유도가 남아 있는데, 이들은 서로 교차하지 않으며 각각 X 및 Y축과 평행할 뿐이다. 여기에 Z축과 평행한 구속요소 C를 추가한다.

R_x와 C 사이의 직교거리는 a이며 R_y와 C 사이의 직교거리는 b이다. C를 적용하고 나면, 물체 A는 C가 설치된 Z 방향으로는 움직일 수 없다. 이제 물체 A에는 벡터쌍 R_x와 R_y가 $a \times R_x = b \times R_y$의 비율로 합성된 벡터 방향으로의 1 자유도만이 남아 있게 된다. 이 특정한 비율로 R_x 및 R_y 방향의 미소 회전이 일어나면 C 방향으로는 아무런 운동이 수반되지 않는다.

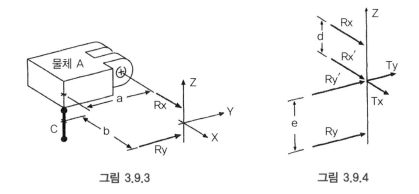

그림 3.9.3　　　　　　　그림 3.9.4

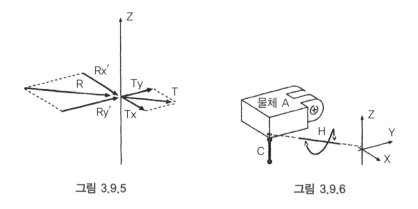

그림 3.9.5   그림 3.9.6

이제 이 합성벡터를 구하기 위해서 R_x와 R_y 벡터를 합성해보기로 하자.
이들의 벡터합을 구하기 위해서는 이들을 우선 서로 교차시킬 수 있는 공통
평면으로 평행이동 시켜야 한다. 그러므로 Z 방향 어딘가에 위치하는 공통
평면상에 놓이는 등가 벡터를 찾아낸다. 우선 R_x는 직교이동벡터 $T_y = d \times R_x$
와 한 쌍이 되며 Z축으로 d만큼 떨어진 곳에서 위치하는 $R_x{'}$로 대체된다. 벡
터 $R_x{'}$은 R_x와 크기는 같고 서로 평행하다. R_y도 직교이동벡터 $T_x = e \times R_y$
와 한 쌍이 되며 Z 방향으로 e만큼 떨어진 곳에 위치하는 $R_y{'}$으로 대체된다.
벡터 $R_y{'}$도 R_y와 크기는 같고 서로 평행하다.

새로운 중간평면 내에서 벡터 $R_x{'}$와 $R_y{'}$이 결합되어 합성벡터 R이 만들어
진다. 또한 T_x와 T_y도 결합되어 합성벡터 T가 만들어진다. R_x와 R_y가 한
쌍인 것처럼 T와 R도 한 쌍이다. Z축에 대해서 중간평면의 올바른 위치를
세심하게 선정하면 합성벡터 R과 T는 일직선상에 놓이게 된다. 한 쌍의 벡
터인 R과 T가 일직선상에 놓이면, 이들이 결합되어 순수한 **헬리컬 자유도**
또는 **스크류 자유도**[5]를 생성한다.

---

5) Ball, R. S. *The Theory of Screws : A Study in the Dynamics of a Rigid Body*. University
   Press, Dublin, 1876.

합성벡터 R과 T는 다음과 같은 경우에 일직선상에 위치한다.

$$\frac{T_y}{T_x} = \frac{R_y}{R_x}$$

그런데 $\dfrac{R_y}{R_x} = \dfrac{a}{b}$ 이며 $\dfrac{T_y}{T_x} = \dfrac{d \times R_x}{e \times R_y}$ 이므로 $\dfrac{d}{e} = \dfrac{a^2}{b^2}$ 의 관계가 성립된다.

따라서 물체 A에 남아 있는 1 자유도는 **그림 3.9.6**에 도시된 곳에 위치하는 헬리컬 자유도 H이다.

만일 이 모델을 직접 제작하여 1 자유도를 찾기 위해서 시험해 본다면 물체를 H축에 대해서 회전시킬 수 있지만, H축 방향으로의 병진운동이 수반된다는 것을 발견할 수 있을 것이다. 여기서는 병진운동 없이 회전운동을 만들어 낼 수 없다. 이들은 서로 쌍을 이루고 있으며 따라서 1 자유도만을 갖는다.

3.10 파도형 원반

우리는 이제 임의의 X-Y 위치가 Z 방향으로 구속되어 있을 때 물체 A의 1-헬리컬 자유도의 위치를 찾아낼 수 있게 되었다. 이제 H를 놓을 수 있는 모든 위치를 찾아내기 위해서 $x^2 + y^2 = r^2$를 만족하는 원주상의 다양한 위치에 C를 놓아본다.

그 결과는 **그림 3.10.1**에서와 같이 Z축과 교차하는 일련의 직선들이 얻어진다. 이 직선들은 **파도형 원반**(cylindroid)[6]이라고 부르는 방사상 직선들로 이

---

6) Phillips, J. *Freedom in Machinery : Vol. 2 : Screw Theory Exemplified.* Cambridge University. Press, 1985

루어진 표면을 만들어낸다.

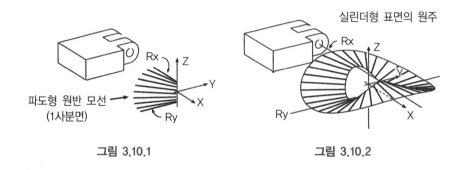

실린더형 표면의 원주

파도형 원반 모선
(1사분면)

그림 3.10.1

그림 3.10.2

파도형 원반의 형상을 이해하는 좋은 방법은 원통이 Z축 방향으로 배치되어 있는 $x^2 + y^2 = r^2$인 원형 실린더의 표면에 교차선을 사용하여 가시화시키는 것이다. (이 원반은 구속 C가 훑고 지나간 표면이다.)

만일 실린더의 표면에 파도 모양 원반과의 교차선들을 표시할 수 있다면, 실린더의 표면은 그 모양대로 잘라낼 수 있을 것이고, 그렇게 해서 만들어진 평면은 2주기의 사인 파형이 된다. 이 사인 파형의 피크-피크 진폭은 선정된 실린더의 직경에 무관하게 동일하다. 이 진폭이 파도형 원반의 높이를 나타낸다.

파도형 원반을 찾아내기 위해서 사용했던 **그림 3.9.1**의 장치와 직선들로 이루어진 평면 디스크를 정의한 **그림 3.8.1**의 장치 사이의 유사성을 잘 살펴보기 바란다.

이제 직선으로 이루어진 평면 디스크와 파도형 원반 사이의 유사성에 대해서 살펴보기로 하자. 이들 모두 표면 축과 직교하는 반경 방향 직선들로 이루어진 괘선표면이다. 파도형 원반은 마치 고무로 원반을 만든 후에 Z축 방향으로 직선 R_x와 R_y를 잡아당겨서 뒤틀어놓은 것을 제외하고는 평면 디스크와 닮아 있다. 평면 디스크가 무한한 직선들의 군집을 나타내며, **그림 3.8.2**에서 구속요소 C를 적용하기 전에 이 직선들 중 임의의 두 직선으로 R_1과 R_2를 동등하게 대체할 수 있었던 것처럼, 파도형 원반도 이와 마찬가지로 무한한 숫자의 등가직선 군집으로 이루어져 있다. 차이점은 파도형 원반의 경우 표면을 생성하는 인자들이 R들이 아니라, H들과 파도형 원반상의 직선의 위치에 의존하는 H들의 피치(커플링된 병진운동의 크기)라는 것이다.

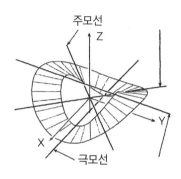

주모선

Z

Y

X

극모선

그림 3.10.3

공간 내에서 임의의 두 R들인 R_1과 R_2는 항상 유일하게 정의되며 파도형 원반상에 위치한다. 파도형 원반은 두 R들에 대해서 수직 방향으로 축선을 가지며 두 R들의 사이 중간에 축선과 수직인 방향으로 중앙 평면을 갖는다. 이 파도형 원반은 항상 중앙평면 내에 포함되어 있는 2개의 서로 직교하는 **모선**(generator)을 가지고 있다. 이를 **주모선**(principal generator)이라고 부르며 파도형 원반의 축선을 따라서 바라보면, 파도형 원반의 주모선들은 항상 2개의 **정의**(defining) **모선**(R_1과 R_2)들 사이의 각도를 반으로 분할한다. 중앙 평면으로부터 가장 먼 곳에 위치하는 2개의 모선들을 **극**(extreme)**모선**이라고 부른다. 이들은 사인파형의 마루와 골을 가로지른다. 이들 사이의 거리가 파도형 원반의 높이가 된다. 축선들 따라서 바라볼 때, 파도형 원반의 극모선은 주모선 쌍으로부터 45° 회전하여 서로 직교하고 있다.

현재의 경우 R_x와 R_y는 이들과 서로 직교하는 축선(Z축)에서 봤을 때 이들 사이의 각도가 90°이므로 이들은 파도형 원반상에서 극모선이 된다. 파도형 원반상의 여타의 모든 발생기들은 H(스크류)들이다. 이 파도형 원반상의 임의의 두 직선을 사용하여 물체 A의 2 자유도인 R_x와 R_y를 등가로 대체할 수 있다.

3.11 사례의 고찰

이제 그림 3.0에 도시되어 있는 메커니즘으로 되돌아가서 상부 물체와 바닥 사이에 존재하는 자유도를 찾아보기로 하자. 그림 3.11.1에서는 동일한 메커니즘을 약간 다른 방향에서 보여주고 있다.

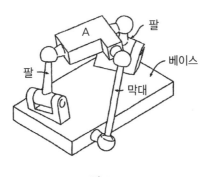

그림 3.11.1

물체 A는 2개의 팔들과 하나의 막대에 의해 바닥에 고정되어 있다. 이런 결합 구조를 **복합 연결**(compound connection)이라고 부른다. 이를 도식화하기 위해서 3.7절에서 논의했던 기법을 적용한다. **그림 3.11.2**에서는 **그림 3.11.1**의 메커니즘에 대한 기계적 개략도를 보여주고 있다.

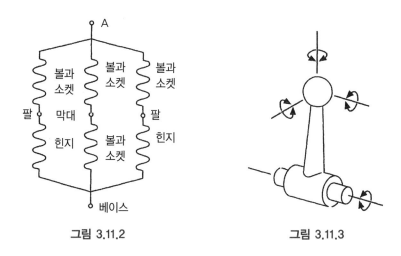

그림 3.11.2   그림 3.11.3

해석은 안쪽에서 시작해서 바깥쪽으로 진행된다. 우선 팔들 중 하나의 순차 연결을 살펴본다. 각 팔은 한쪽 끝은 힌지, 다른 쪽 끝은 볼-소켓을 장착하고 있다. 볼-소켓 조인트에는 3개의 R을, 힌지에는 하나의 R을 더하면, **그림 3.11.3**에서와 같이 총 4개의 R들이 구해진다.

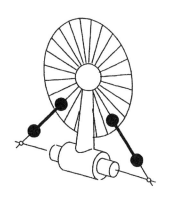

그림 3.11.4

그런 다음 이 4개의 R로 이루어진 패턴에 대응되는 C들의 패턴을 찾기 위해서 대응 패턴의 법칙을 적용한다. 이 팔에는 2개의 C들이 사용되었으며, 이들은 가각 4개의 R들 모두와 서로 교차한다는 것을 알고 있다. 2개의 C들이 사용되었으며 이들 각각은 4개의 R들 모두와 서로 교차한다는 것을 알고 있다. 2개의 C들에 대한 대응 패턴은 직선으로 이루어진 평면 디스크 내에 위치하며, 그 중심은 볼의 중심에 위치하고, 평면에는 힌지 축이 포함된다. **그림 3.11.4**에 도시된 디스크 상의 두 직선은 팔에 의해 만들어진 2개의 C들을 나타낸다.

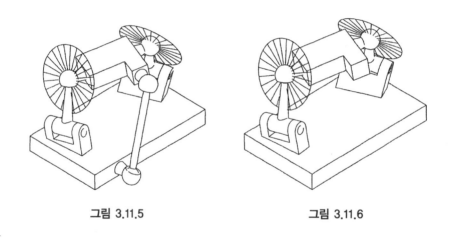

그림 3.11.5　　　　　　　**그림 3.11.6**

우리는 이제 **그림 3.11.5**에서와 같이 전체 메커니즘을 구성하는 두 팔들 각각이 만든 디스크를 볼 수 있다. 바닥과 물체 A 사이에는 총 5개의 C들이 있다. 각 팔들이 2개씩의 C를 가지고 있으며 양단에 볼-소켓 조인트를 구비한 막대가 하나의 C를 구현한다. 이에 대한 해석을 위해서 우선 막대에 의한 C를 무시하고 물체 A와 바닥 사이에 단지 2개의 팔들만 연결되어 있다고 가정한다. 그리고 나중에 막대를 추가한다. **그림 3.11.6**에서는 막대가 없는 메커니즘을 보여주고 있다.

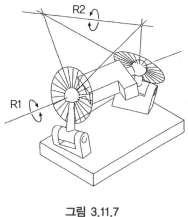

그림 3.11.7

그림 3.11.6의 메커니즘에 대해서 2개의 디스크에 의해서 표현된 4개의 C들에 대한 대응 패턴인 2개의 R들을 찾아내기 위해서 대응 패턴의 법칙을 적용할 수 있다. R들 중 하나는 두 디스크의 중심을 연결한 직선이다. 또 하나의 R은 두 디스크 평면이 서로 교차하는 직선이다. 이들 두 R들이 그림 3.11.7에 도시되어 있다.

R_1과 R_2는 파도형 원반표면을 형상화하며 임의의 두 모선을 사용하여 물체의 2 자유도를 등가로 나타낼 수 있다. 이제 2개의 정의 모선인 R_1과 R_2를 사용하여 파도형 원반을 만들어본다.

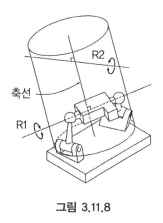

그림 3.11.8

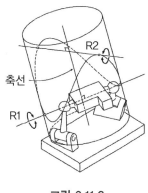

그림 3.11.9

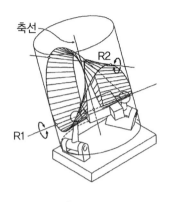

그림 3.11.10

우선, R_1과 R_2에 서로 직교하는 직선을 찾아낸다. 이 직선이 바로 파도형 원반의 축선이다. 파도형 원반 표면의 형상을 가시화하기 위해서는 **그림 3.11.8**에서와 같이 축선이 파도원반 축선과 일치하는 임의 직경의 원통 표면을 상상해본다.

이제 **그림 3.11.9**에서와 같이 실린더 표면 주위를 감싸고 있는 사인 파형이 R_1 및 R_2와 교차하며, 사인 파형의 원점은 R_1과 R_2 사이의 절반에 위치하는 2주기의 사인 파형을 생각해보기로 하자.

파도 원반의 표면은 축선과 수직하며 사인파형을 추종하는 반경선들로 이루어진다. 그 표면이 **그림 3.11.10**에 도시되어 있다. (사실 그림에 도시된 표면은 파도형 원반의 고리모양 부분일 뿐이다.)

축선을 따라서 살펴보면, 파도형 원반은 디스크 형태이며, 디스크 상의 반경선들처럼 괘선들로 표면이 이루어진다. 해석을 위해서 물체 A의 자유도는 이 파도형 원반상의 임의의 두 직선으로 나타낼 수 있다. 이 2 자유도가 H가 된다.

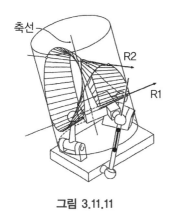

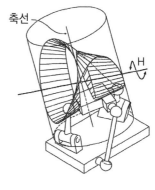

그림 3.11.11   **그림 3.11.12**

이제 다시 **그림 3.11.11**에서와 같이 구속용 막대를 설치한다. 이 막대에 의해서 생성된 구속이 물체 A의 2 자유도 중 하나를 없애버린다. 물체 A에 남아 있는 하나의 자유도를 찾아내기 위해서, 3.8절에서 개발했던 방법을 활용한다.

우리는 구속 C와 R_1 및 R_2 사이의 수직거리를 찾아내야만 한다. 이 사례에서 C와 R_1 사이의 수직거리는 C와 R_2 사이의 수직거리와 동일하다. 그 결과, R_1과 R_2는 동일한 비율로 커플링된다. 결과로 얻어지는 벡터 H는 **그림 3.11.12**에서와 같이, R_1과 R_2 사이의 가운데에 위치한 이 중간평면과의 교차선상에 위치한다. 우연히도, 이 벡터는 파도형 원반 주 모선들 중 하나와 일치한다.

3.12 요약 : R들과 C들의 대칭성

이 장에서는 1장에서 논의했던 기본 개념을 확장시켰다. 구속직선들이 이루는 패턴들로 공간상에서의 위치를 가시화시키기 위해서 구속선도를 도입했다. 물체의 자유도를 각자가 회전 자유도(R)를 나타내는 6개의 공간 내 직선으로 물체의 자유도를 나타내는 개념은 대응 패턴의 법칙을 발견해내는 과정에서 중요한 단계이다. 이 법칙은 C 직선들의 패턴을 그에 대응하는 R 직선들의 패턴으로 대체해주는데, 기존의 기계를 분석하거나 새로운 기계를 조합할 때에 매우 유용하게 사용할 수 있는 극도로 강력한 도구이다.

두 물체 사이의 기계적인 연결을 나타내기 위해서 공간 내에 6개나 그 미만의 직선들이 이루는 패턴을 사용할 수 있다. 이 패턴들이 물체의 자유도를 나타내거나 구속을 나타낼 수 있다. 만일 물체에 부가된 구속 패턴이 있다면 우리는 물체의 자유도를 찾아낼 수 있다. 반면에 우리가 물체에 부여하고 싶은 자유도에서 출발한다면, 물체에 적용했을 때 필요한 자유도를 구현할 수 있는 구속 패턴을 찾아낼 수 있다. 물체의 자유도(R들)를 나타내는 이 직선 패턴들은 물체의 구속(C들)을 나타내는 직선 패턴들과 대응관계를 갖는다. 직선 패턴들이 물체의 C나 R을 나타내는 데에는 관계없이, 정확히 동일한 방식으로 대응 패턴을 찾아낼 수 있다.

그러므로 R들과 C들 사이에 존재하는 매우 기본적인 대칭관계를 발견할 수 있다.

> 잉여성분 없이 n개의 직선들로 이루어진 패턴에 대해서 대응 패턴은 $6 - n$개의 직선으로 이루어지며, 한쪽 패턴의 모든 직선들은 대응 패턴의 모든 직선과 서로 교차한다.

직선이 R이든 C든 상관없이 직선들의 패턴 내에서 특정한 변형이 가능하다는 것을 발견하였다.

> 만일 (R이나 C의) 직선 패턴이 서로 교차하는 두 직선을 포함하고 있다면, 그 교차하는 직선 쌍은 등가직선으로 이루어진 반경 디스크를 생성하며 이들 중 임의의 두 직선으로 원래의 직선 쌍을 등가 대체할 수 있다.

교차가 무한히 먼 곳에서 서로 교차하는 평행선을 포함할 수 있도록 정의했기 때문에 다음과 같은 추론이 성립된다.

> 만일 (R이나 C의) 직선 패턴이 2개의 평행직선을 포함하고 있다면, 이 평행 쌍은 평행한 직선으로 이루어진 평면을 정의해주며, 이들 중 임의의 두 직선을 사용하여 원래의 직선 쌍을 등가 대체할 수 있다.

이들 두 변형(직선들로 이루어진 반경 디스크나 평행선들로 이루어진 평면) 모두 잉여조건(C들의 과도 구속이나 R들의 과소 구속)에 접근하지 않도록 직선들을 선정해야 하는 제한이 있다. 따라서 서로 너무 인접한 직선들을 선정하지 않도록 주의를 기울여야만 한다. 평행한 직선들로 이루어진 평면의 경우 무한히 먼 곳에 위치한 직선을 지정할 수 있다. 만일 이 직선이 R이라면, 이는 병진 자유도와 등가임을 알 수 있다. 다음 장에서는 무한히 먼 곳에 C가 위치하는 경우를 만나게 된다.

공간 내에 (R이나 C의) 두 직선이 놓이는 일반적인 경우 두 직선이 서로 어긋나는 경우가 있으며 이때의 등가 패턴은 파도 원반이다. 여기서 헬리컬 자유도가 발생한다. 이들은 2개의 어긋난 R들에 의해 정의되는 파도형 원반 표면의 성분들이다.

복합 연결을 이루는 다수의 구성 부품들 사이에서 일어나는 복잡한 구속 패턴을 단순화시키기 위해서 (2개 이상의 물체가 게재되는) 복합 연결에 대해서 살펴보았다. 두 물체 사이의 기계적인 연결은 직접(병렬)이거나 하나 또는 그 이상의 중간 물체를 통해 순차(직렬) 연결된다.

직접 연결인 경우 C들을 합하며 순차 연결인 경우에는 R들을 합하여 총 연결 값을 구한다.

3장의 말미에서는 배운 내용들을 다시 정리했으며 구속과 자유도 사이의 난해한 대칭성을 관찰하였다. C 직선들의 패턴에 대한 법칙을 R 직선들의 패턴에 그대로 적용할 수 있으며, 그 반대도 성립한다. 이는 처음부터 명확했던 것이 절대 아니다. 이를 통해서 누군가가 일반적인 직관을 사용해서는 절대 알아낼 수 없는 기계설계에 대한 통찰력을 얻을 수 있다.

이제 정확한 구속설계의 기본원리를 대부분 살펴보았다. 이 원리들은 C 및 R을 나타내는 직선 패턴들을 사용하여 기계적 연결을 해석할 수 있도록 해준다. 이 해석 기법을 **구속 패턴 해석**이라고 부른다. 이 기법은 R 및 C의 두 가지 기본 유형의 직선 패턴들에 대한 변형을 기반에 두고 있다. 이 변형은 (R 또는 C의) 하나의 유형의 직선 패턴을 동일한 유형의 등가 패턴이나 반대쪽 유형의 대응 패턴으로 바꿀 수 있도록 해주는 간단한 법칙에 지배된다. 이 변형을 지배하는 법칙은 세련된 단순함과 아름다운 대칭성을 가지고 있다. 사실 가장 주목할 점은 **대칭성**이다. 다음 장에서도 R패턴과 C 패턴들 사이의 대칭성에 대해서 더 살펴볼 예정이다. 독자들도 저자와 마찬가지로 여기에 매혹되기를 바라는 바이다.

Chapter 04

플랙셔

E X A C T
C O N S T R A I N T

M A C H I N E   D E S I G N   U S I N G
K I N E M A T I C   P R I N C I P L E S

정확한 구속 : 기구학적 원리를 이용한 기계설계

플랙셔는 구속 장치이다. 2.6절에서는 다른 여러 구속 장치들과 함께 플랙셔를 소개한 바 있다. 하지만 설계자들의 오용과 오해 때문에 여타의 구속 장치들에 비해서 플랙셔가 천대를 받아왔기 때문에 더 자세히 살펴볼 필요가 있다. 또한 플랙셔 연결을 해석하기 위해서 우리가 사용하는 기법이 7장의 구조물 연구의 기반이 된다는 것을 발견하게 될 것이다. 이런 이유 때문에 플랙셔에 대해서 더 철저하게 살펴보도록 하겠다.

기계설계에 있어서 플랙셔를 기계 연결 장치로 사용함으로써 설계자는 다른 어떤 유형의 연결을 사용하는 것보다도 비용을 절감하고 더 높은 성능을 구현할 수 있다. 플랙셔의 장점으로는 무마찰, 무유격 그리고 낮은 비용 등이 있다. 플랙셔의 가장 명확한 한계는 좁은 운동범위만을 허용할 수 있다는 점이다. 플랙셔의 또 다른 단점은 다른 구속 장치들보다 더 세심한 공학적 과정이 필요하다는 점이다. 이들은 운동의 자유도를 구현하기 위해서 충분히 얇아야 하지만, 우발적인 최악의 부하에 손상을 받지 않도록 너무 얇지는 않아야 한다. 많은 설계자들이 미소하고 정밀한 운동을 구현해야만 하는 기계에 플랙셔를 사용하는 것을 고려한다. 하지만 이런 기계들에만 플랙셔를 사용하는 것은 아니다. 특정한 자유도를 갖는 연결을 통해서 물체를 구속해야만 하는 사례는 매우 많다. 대개 플랙셔는 딱 필요한 만큼의 구속을 손쉽게 제공해준다.

4.1 이상적인 시트형 플랙셔

불행히도 문헌들 속에서 **플랙셔 스프링**이라는 용어가 너무 자주 사용되고 있다. 엄밀히 말하면 이상적인 플랙셔는 스프링이 아니다. **스프링**은 **강체와 유연체** 사이의 어딘가에 위치하는 적당한 수준의 강성을 갖춘 장치인 반면에 플랙셔는 특정 방향에 대해서는 의도적으로 가능한 한 강하게 만들고 다른 방향으로는 가능한 한 유연하게 만든 장치이다. 플랙셔를 설계할 때마다 이들을 이진수적인 강성 특성을 가지고 있는 이상적인 플랙셔로 생각하는 것이 도움이 된다. 즉, 특정한 방향으로는 완벽한 강체인 반면에 다른 방향으로는 완전히 유연하다고 간주한다.

얇은 막대(와이어)와 박판(시트)들은 굽힘 방향에 대해서는 매우 유연하지만, 인장 및 압축 방향에 대해서는 매우 강하다. 이 요소들의 굽힘 강성 대비 인장 강성의 비율은 10배 이상 차이가 난다.

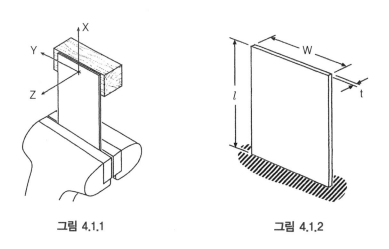

그림 4.1.1   그림 4.1.2

이를 설명하기 위해서 간단한 실험을 해보기로 하자. **그림 4.1.1**에서와 같이 75×125mm 카드보드지의 한쪽 끝에는 작은 나무 블록을 접착하고 반대쪽 끝은 바이스에 물어 고정한다. 이제 75×125mm 카드보드지에 의해서 나무 블록의 6 자유도 중 어느 것이 구속되었는지 살펴보기로 하자. 관찰 결과 블록은 Z축 방향을 따라서 앞뒤로 쉽게 움직일 수 있다. 이제 그와 동일한 힘을 가하여 블록을 X축 또는 Y축 방향으로 움직여본다. 그 결과 아무런 운동도 관찰되지 않는다. 만일 Z축 방향으로의 강성을 측정하여 X축 또는 Y축 방향 강성과 비교해본다면 그 차이가 수만 배 이상이라는 것을 발견할 것이다. 이 엄청난 강성 차이 때문에 75×125mm 카드보드지의 Z 방향 강성은 X 및 Y 방향 강성에 비해서 무시할 수 있는 것이다. 이를 다른 방식으로 설명하자면 이 카드보드지는 X 및 Y축 방향으로는 구속되어 있으나 Z축 방향으로는 구속되지 않았다. 따라서 나무 블록은 미소변위에 대해서 Z축 방향으로 자유롭게 움직일 수 있다. 왜 그런지는 쉽게 확인할 수 있다. 카드보드지 평면 내에서 X축 및 Y축 방향으로 작용하는 힘은 카드보드지에 인장 또는 압축을 가하지만 Z축 방향의 힘은 굽힘을 가한다. 카드보드지는 얇기 때문에 매우 쉽게 굽혀진다.

박판형 플랙셔의 X 및 Z 방향 강성은 쉽게 계산하여 비교할 수 있다.

X 방향 강성 :

$$k_x = \frac{AE}{l} = \frac{wtE}{l}$$

Z 방향 강성 :

$$k_z = \frac{3\left(\dfrac{wt^3}{12}\right)E}{l^3} = \frac{wt^3E}{4l^3}$$

강성비 :

$$\frac{k_x}{k_z} = \frac{\dfrac{t}{l}}{\dfrac{l}{4}\left(\dfrac{t}{l}\right)^3} = 4\left(\frac{l}{t}\right)^2$$

75×125mm 카드보드지의 경우 :

$$\frac{l}{t} \approx 300, \frac{k_x}{k_z} \approx 360,000$$

이는 10^5배 이상의 강성 차이를 가지고 있다.

강성비는 탄성 계수 E에 의존하지 않으므로, 박판 플랙셔를 카드보드지 대신 강철로 만들어도 결과는 동일하다.

이제 목재 블록의 회전 자유도에 대해서 알아보기로 하자. 앞에서와 유사한 실험을 통해서 이 플랙셔는 블록을 Z축 방향 회전에 대해서는 구속하고 있지만 X축이나 Y축 방향 회전은 구속하지 않는다는 것을 알 수 있다.

	강한 방향	유연한 방향
X	✔	
Y	✔	
Z		✔
θx		✔
θy		✔
θz	✔	

그림 4.1.3

이 박판 플랙셔 모델에 대한 관찰 결과를 **그림 4.1.3**에서와 같이 요약할 수 있다. 이로부터 이 박판 플랙셔는 작용력이 박판의 평면 내에 위치하는 X, Y 및 θ_z 방향으로 강하다는 결론을 얻을 수 있다. 반면에 작용력이 박판 평면 바깥쪽에서 작용하여 유발되는 Z, θ_x 및 θ_y 방향 변형에 대해서는 박판 플랙셔가 상대적으로 유연하다. 요약해보면, 이 사례에서와 같은 박판 플랙셔는 이제부터 정의할 이상적인 박판형 플랙셔와 거의 유사하다고 말할 수 있다.

> 이상적인 박판 플랙셔는 평면 내(X, Y 및 θ_z)에서는 완벽한 강체 구속을 부가하는 반면에 Z, θ_x, θ_y의 3자유도를 허용한다.

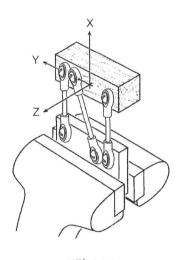

그림 4.1.4

그림 4.1.4에서는 이상적인 박판 플랙셔의 막대 등가 모델을 보여주고 있다. 이 구조는 박판 플랙셔와 정확히 동일한 구속 및 정확히 동일한 자유도를 부가하고 있다. 여기서 연결막대의 양단에는 이상적인 볼 조인트가 연결되어 있다. 이 볼 조인트들은 마찰과 유격이 없다고 가정한다. 그리고 이들은 어떠

한 토크도 전달할 수 없다. 명백히 이 구조는 박판형 플랙셔의 막대형 등가 모델이다.

박판구조와 막대구조 모두 동일한 기구학적 거동을 보이므로 이들은 기능적으로 호환이 가능하다. 둘은 서로 기능적인 등가 관계를 가지고 있다.

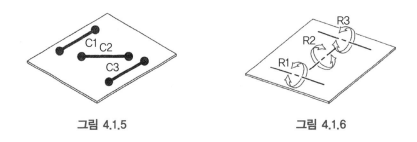

그림 4.1.5   그림 4.1.6

그림 4.1.5에서는 평면 내에서 잉여 구속이 없는 3개의 C들로 이루어진 박판 플랙셔 내부의 구속 패턴을 보여주고 있다.

여기서 우리는 박판 내에 3개의 C들이 그림 4.1.4에서의 막대들처럼 놓여 있다고 생각해볼 수 있다.

동일 평면 내에 놓인 3개의 C들에 대한 대응 패턴은 동일 평면 내에 놓인 3개의 R들이다. 따라서 박판형 플랙셔 연결은 그림 4.1.6에 도시된 자유도를 갖는다. 우리가 박판형 플랙셔 모델을 시험할 때에 바로 이 자유도들을 찾아낸 것이다.

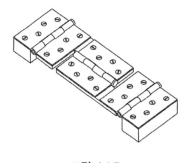

그림 4.1.7

그림 4.1.6의 자유도 패턴은 **그림 4.1.7**의 메커니즘을 상상해보면 될 것이다. 이 메커니즘은 동일 평면 내에 놓인 3개의 힌지들이 순차적으로 연결되어 이루어진다. 이 연결구조는 이상적인 박판 플랙셔 및 **그림 4.1.4**의 3개의 막대로 구성된 연결구조와 등가이다.

4.2 카드보드지 모델링

카드보드지 박판 모델을 만들어보면 박판 플랙셔의 **이진수적 구속** 속성을 가지고 단순히 사고실험하는 것보다 더 많은 것을 얻을 수 있다. 이 방법은 설계자가 새로운 아이디어를 탐구할 때 사용할 수 있는 실용적인 설계도구이다. 카드보드지로 만든 플랙셔의 장점은 단순하고 값싸며 빨리 만들 수 있다는 것이다. 이 방식은 사무실에서 핫멜트와 가위를 도구로 사용하여 다양한 설계 구조들을 시험해보면 되는 놀랍도록 쉽지만 강력한 기법이다. 그런 다음, 용도에 맞춰 설계된 형상과 구조가 괜찮다면 약간의 공학적 설계를 수행하는 것만으로 설계가 끝난다. 그러고는 금속으로 제작하면 된다.

4.3 이상적인 와이어 플랙셔

이번에는 카드보드지를 바이스에 물렸던 것과 비슷하지만, 박판 대신에 얇은 막대나 와이어를 사용하여 앞에서와 유사하게 또 다른 실험을 해보자. 만일 와이어 끝에 꽂혀 있는 블록의 위치를 각각의 자유도 방향으로 시험해 보면, X 방향을 제외한 모든 방향으로 매우 자유롭게 움직일 수 있다는 것을 발견할 수 있다. 만일 블록을 X 방향으로 잡아당기면 (와이어에 장력을 가하

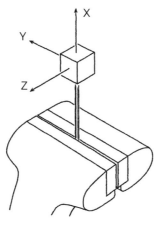

그림 4.3.1

면) 관찰 가능한 변형이 발생하지 않는다. 이는 블록을 아래쪽으로 눌러도 (압축 하중을 가해도) 좌굴을 발생시킬 만큼 심하게 누르지 않는 한도 내에서는 마찬가지이다.

실험이 끝나고 나면 와이어 플랙셔의 축선 방향 강성은 여타의 방향에 비해서 수백 배 강하다는 것을 알 수 있다. 따라서 얇은 막대나 와이어는 이상적인 와이어 플랙셔와 근사하다고 말할 수 있다.

이상적인 와이어 플랙셔는 축선 방향(X축)으로는 완벽한 강체이나 나머지 Y, Z, θ_x, θ_y, θ_z의 5 자유도를 허용한다.

이상적인 와이어 플랙셔는 양단에 볼-소켓을 장착한 막대와 기구학적으로 등가이다. 이것이 와이어 플랙셔를 설계할 때에 설계자가 가져야 할 개념적 모델이다.

4.4 플랙셔 모델의 실용적 기법

박판 플랙셔 고정 시 누름판 사용

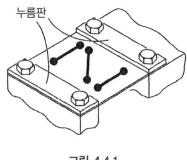

누름판

그림 4.4.1

누름판은 나사를 조일 때 나사 머리의 회전운동에 의해서 플랙셔가 변형될 가능성을 없애준다. 또한 균일하고 평평한 고정효과를 구현할 수 있다. 또한 나사구멍에 응력이 집중될 가능성도 줄어든다. 작용력이 플랙셔 폭 전체에 균일한 응력분포를 나타낸다.

항상 기본상태가 평면(직선)인 조건으로 플랙셔 사용, 절대 휘게하여 사용하지 말 것

이 조건은 4.1절의 실험을 상기해야 한다. **평면 내** 작용력과 **평면 외** 작용력 사이의 극도로 큰 강성비는 박판이 평면일 때와 와이어가 직선일 때에만 적용된다. 만일 박판이나 와이어가 기본적으로 휘어 있다면, 이들로부터 **이진수적 구속**의 성질을 얻을 수 없을 것이다.

그림 4.4.2에서는 한쪽 끝은 볼 조인트로, 다른 한쪽 끝은 박판 플랙셔로 구속되어 있는 물체를 도시하고 있다. 이 두 가지 구속요소들에 의해 만들어진 구속 패턴은 올바르며, 따라서 물체는 정확하게 구속되어 있다. 그런데 볼이

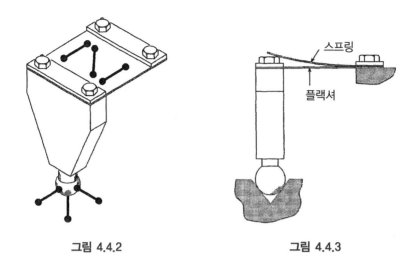

그림 4.4.2   그림 4.4.3

원추형 구멍에 안전하게 자리 잡고 있으려면 수직 방향으로의 고정력이 필요하다.

이런 조건의 연결을 설계할 경우에 볼-소켓 조인트에 고정력을 가하기 위해서 박판 플랙셔를 리프스프링처럼 사용하고 싶은 강한 유혹을 받는다. 바로 이 유혹을 피해야 한다! 구속 장치가 올바르게 작동하기 위해서는 플랙셔의 기본상태가 평평해야만 하며, 그에 따른 등가막대가 직선을 유지해야 한다. 반면에 작용력을 생성하기 위해서는 평평한 리프스프링이 곡면 형상으로 휘어져야만 한다. 이들 두 가지 목적은 서로 상충된다. 그러므로 최고의 정밀도가 필요하다면, 플랙셔에 스프링의 임무를 이중으로 부가해서는 안 되며 별도의 스프링을 사용해야만 한다.

고정부를 절곡하지 말 것

부품수를 줄여서 설계를 단순화시키기 위해서 설계자는 **그림 4.4.4**에서와 같이 2개의 플랙셔를 하나로 합치려고 시도할 수 있다. 부하가 변하면 미소한

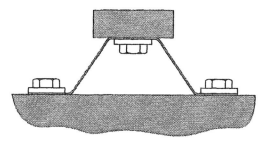

그림 4.4.4

(특정한 목적에서는 결정적인) 변형이 절곡 부위에서 발생한다. 이로 인하여 **그림 4.4.6**의 **직선형 플랙셔**에 비해서 연결 강성의 현저한 저하가 초래된다. 절곡식 플랙셔의 두 번째 단점은 절곡 부위에서 파단이 발생할 우려가 있기 때문에 완전 경화된 소재를 사용할 수 없다는 점이다.

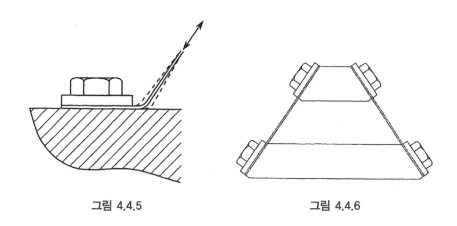

그림 4.4.5   그림 4.4.6

와이어 플랙셔의 체결

와이어 플랙셔 설계의 가장 어려운 점은 간단하고 효과적인 체결을 구현하는 것이다. 여기서는 저자가 경험했던 두 가지 방법들을 보여주고 있다. **그림 4.4.7**에서는 와이어 끝단에 간단한 고리를 성형하였다. **그림 4.4.8**에서는

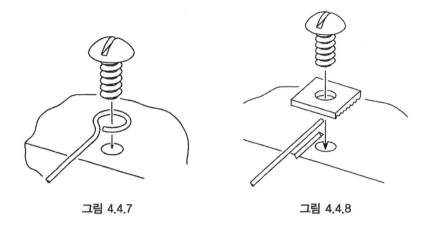

그림 4.4.7   그림 4.4.8

얕은 V형 그루브 형상의 와이어 고정용 자리를 성형하고 그 위에 클램핑을
시행한다. 클램프의 하부면에는 뾰족한 돌기가 성형되어 와이어를 물어 고
정한다.

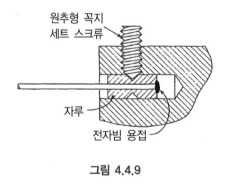

그림 4.4.9

그림 4.4.9에서는 와이어 끝단을 **자루(lug)**에 납접 또는 (전자빔)용접하여 고
정한다. 각각의 자루들을 구멍에 삽입한 후에 원추형 꼭지가 달린 세트 스크
류로 눌러 고정한다.

불의의 과도운동을 방지하기 위한 멈춤쇠 설치

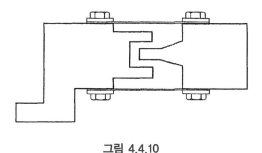

그림 4.4.10

플랙셔를 성공적으로 설계하기 위해서는 플랙셔 내부에 생성된 응력 수준이 손상을 유발할 정도로 과도해지지 않도록 수단을 강구해야만 한다. 반복된 **일상적인** 변형에 의해 생성된 응력의 수준이 소재의 성질, 총 작동 사이클 수, 안전계수 등을 기준으로 결정된 응력수준 이하로 유지되어야만 한다. 소위 **정상하중**과 더불어서 설계자는 운반, 잘못된 취급, 또는 기계의 오동작들에 의해서 플랙셔에 일시적으로 **최악의 하중**이 가해질 수 있다고 생각해야만 한다. 플랙셔 설계가 **견실성**을 갖추도록 하려면 상당한 량의 총체적인 응력 해석을 수행해야만 한다. 하지만 이러한 해석은 구속 패턴 분석의 범주를 넘어서는 일이다. 그런데 두 물체에 성형된 형상들이 정상작동 중에는 서로 영향을 끼치지 않지만 과도행정이 발생하는 경우에는 접촉하도록 플랙셔에 연결된 두 물체의 형상을 설계할 수 있다. 일단 이 형상들이 서로 접촉하면 더 이상의 플랙셔 변형이 저지되며, 그에 따른 손상을 피할 수 있다. 이 형상을 **멈춤쇠**(limit stop)라고 부른다. 이들은 고정식 또는 조정 가능한 방식으로 설계할 수 있다.

4.5 플랙셔 연결에서 생성되는 C와 R들의 패턴

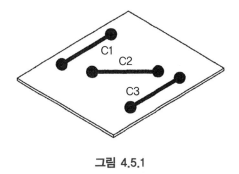

그림 4.5.1

기본적인 두 가지 플랙셔 요소들은 박판과 와이어이다. 와이어의 구속 패턴은 와이어 길이 방향으로의 단일 구속이다.

하나의 직선형 와이어 플랙셔는 길이 방향으로 하나의 C를 생성한다.

박판의 구속 패턴은 박판의 평면 내에서 3개의 구속을 형성한다. 이 3개의 C들은 모두가 한 점에서 교차하여 과도 구속조건을 만들지 않는 한도 내에서는 어디에도 위치할 수 있다.

하나의 평면형 박판 플랙셔는 박판 평면 내에서 3개의 C를 생성한다.

그림 4.5.2와 그림 4.5.3의 경우 물체 A와 B 사이에 2개의 플랙셔가 직접 연결되어 있다. 이는 3.7절에서 논의했었던 전기저항회로의 병렬 연결과 같다. 그림 4.5.2에서의 두 박판 플랙셔들은 전기회로 요소가 병렬로 연결된 것과 동일한 연결조건을 가지고 있다는 점에서 물체 A와 B 사이를 병렬로 연결하고

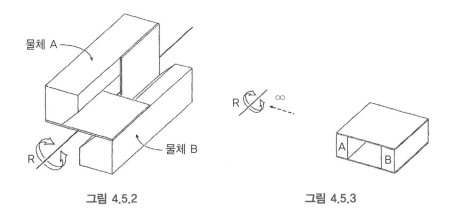

그림 4.5.2

그림 4.5.3

있다고 말할 수 있다는 점에 유의하기 바란다. 기하학적인 관점에서는 이 플랙셔들은 명확하게 병렬이 아니다. **그림 4.5.2**에서와 같이 플랙셔가 두 물체 사이를 (병렬로) 직접 연결하고 있다면 각 박판의 C들은 더해진다. 각각의 박판은 3개의 C들을 가지고 있으므로 총합은 6이지만, 이들 중 하나는 잉여성분이다. 과도 구속 없이 2개의 평면으로 6개의 구속을 생성할 수는 없다(3.6절 참조). 따라서 이 연결은 5개의 C들을 가지고 있다. 그 대응 패턴은 두 박판 평면이 서로 교차하는 곳에 위치하는 하나의 R이다.

> 병렬로 (직접)연결된 두 장의 평면형 박판 플랙셔들은 이들 두 평면이 서로 교차하는 곳에 위치하는 하나의 R을 생성한다.

2개의 플랙셔 평면들이 **그림 4.5.3**에서와 같이 서로 평행한 경우에 두 평면은 무한히 먼 곳에서 서로 교차한다. 물론 무한히 먼 곳에 위치하는 R은 플랙셔 평면에 수직한 방향으로의 병진운동과 서로 등가이다.

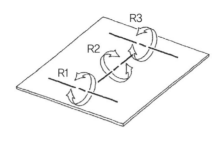

그림 4.5.4

R들 및 C들 사이에 존재하는 대칭성들 중 하나는 박판 플랙셔와 관계되어 있다. 플랙셔 평면 내에 놓여 있는 3개의 C들로 나타낼 수 있는 박판 플랙셔 평면 내에 놓여 있는 3개의 R들을 이용하여 등가로 나타낼 수 있다. C들과 마찬가지로 R들도 잉여성분을 만들지 않는 한은 평면 내 그 어디라도 위치할 수 있다.

> 하나의 평면형 박판 플랙셔는 하나의 박판 평면 내의 3개의 R들로 등가로 나타낼 수 있다.

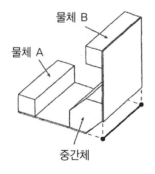

그림 4.5.5

만일 2개의 플랙셔들이 **그림 4.5.5**에서와 같이 순차적으로(직결로) 연결되어 있다면 각 시트들의 R들은 서로 합산된다. 그 결과 두 박판이 서로 교차하는 위치에 하나의 C가 생성된다. 다시, 여기서도 두 박판이 서로 병렬로 연결된 경우에서와 마찬가지로 대칭성을 찾아낼 수 있다. 두 박판의 병렬 연결은 교차선상에 하나의 R을 생성한다. 두 박판의 직렬 연결은 교차선상에 하나의 C를 생성한다.

> 직렬 연결된 2장의 평면형 박판 플랙셔들은 두 평면이 서로 교차하는 곳에 위치하는 하나의 C를 생성한다.

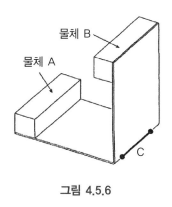

물체 B

물체 A

C

그림 4.5.6

그림 4.5.5의 사례에서 중간 물체를 사용했던 것을 절곡선으로 대체한 **그림 4.5.6**을 살펴보기로 하자. 절곡선 상의 모든 점들은 고정되어 있으며, 절곡선 상의 다른 모든 점들과 강체 관계를 이루고 있다. 이는 각각의 인접한 플랙셔 리프의 소재들이 해당 평면상에 놓인 점들 사이의 상대운동을 막기 때문이다 (이에 대해서는 7장에서 다시 다룬다). 그 결과 절곡선 자체가 강체인 중간 물체처럼 작용한다. 따라서 절곡된 박판 플랙셔는 절곡선을 따라서 하나의 C를 생성한다.

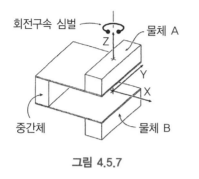

그림 4.5.7 그림 4.5.8

다음은 두 장의 평행한 박판들이 직렬로 연결된 경우이다. 이미 무슨 일이 일어날지 예상할 수 있다. 두 박판이 교차하는 곳에 하나의 C가 존재한다. 하지만 박판은 무한히 먼 곳에서 서로 교차한다. 무한히 먼 곳에 위치하는 이 C는 이 박판들에 수직한 방향으로의 순수한 회전 구속과 등가이다. 회전 구속을 나타내기 위해서 **그림 4.5.7**에서와 같은 부호를 사용한다. 여기서, **그림 4.5.7**에 사용된 중간 물체가 유연체가 아닌 강체여야만 한다. 예를 들어 **그림 4.5.8**에 도시된 것과 같이 박판을 두 번 절곡하여 만든 간단한 박판 브라켓은 회전 구속을 수행하지 못한다. 이 구조를 분석해보면 3개의 박판 플랙셔들이 직렬로 연결되어 있음을 알 수 있다. 이로 인해서 3개의 평면상에 각각 3개의 R들이 생성된다. 공간 내에서 이 9개의 R들이 서로 교차하지 않으므로 이 연결은 구속의 수가 0개이다.

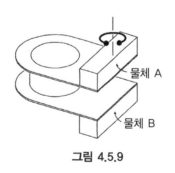

그림 4.5.9

반면에 **그림 4.5.9**에서와 같이 얇은 벽 튜브로 두 장의 평행한 박판을 연결한 구조를 살펴보기로 하자. 7장에서는 튜브가 3차원적으로 강체인 현상이라는 것을 배울 예정이다. 두 장의 박판 플렉셔들이 강체인 중간 물체에 의해서 연결되어 있으므로 **그림 4.5.9**의 연결구조는 **그림 4.5.7**과 등가이다.

4.6 박판 플렉셔의 변형된 형상

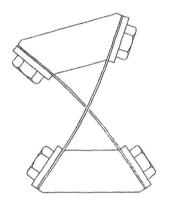

그림 4.6.1

이미 논의했던 것처럼 박판형 플렉셔를 사용할 때에는 항상 플렉셔가 구현할 수 있는 높은 평면 내 강성의 장점을 충분히 활용할 수 있도록 평평한 상태에서 사용하여야 한다. 그런데 (메커니즘 내에서) 플렉셔가 변형을 일으켜야만 하는 상황이 자주 발생한다. 박판형 플렉셔의 경우, 이 변형은 3개의 모드들을 일으킨다. 이 모드들 각각은 플렉셔의 3 자유도 중 하나에 해당된다. 첫 번째 모드는 단순 굽힘이다. 박판 플렉셔의 굽힘 모드는 **그림 4.6.1**에 도시되어 있는 **교차 플렉셔**의 힌지 연결에서 발생한다. 서로 연결된 두 물체들은 두 플렉셔 평면들이 서로 교차하면서 만들어진 직선에 **힌지**(hinge)되어 있다.

전형적으로 두 물체 사이에는 10~20°의 각도 변위가 손쉽게 구현된다.

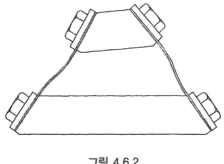

그림 4.6.2

그림 4.6.2에서는 S자 형상으로 구부러진 플랙셔의 변형형상을 보여주고 있다. 이것은 두 번째 변형모드이다. 만일 이 장치 내에서 플랙셔들의 최대허용 응력이 그림 4.6.1에서와 동일하게 제한된다면 그림 4.6.2의 물체는 허용각도 변형량이 훨씬 작을 것이다.

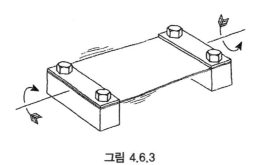

그림 4.6.3

박판형 플랙셔의 세 번째 변형모드는 비틀림이다. 그림 4.6.3에서는 비틀림을 받는 박판형 플랙셔를 보여주고 있다. 이들 두 물체 사이에서 허용된 비틀림 각도는 단지 몇 도에 불과하다.

플랙셔에 의해 연결된 물체들 사이의 허용 행정을 증가시키기 위해서는 플랙셔의 치수를 더 길거나 더 얇게 변경해야 한다. 하지만 이로 인해서 플랙셔는 탄성 좌굴을 일으키기 쉬워진다. 반면에 미소행정만이 필요한 메커니즘에서는 플랙셔를 더 짧고 두껍게 **살집을 늘릴** 필요가 있다.

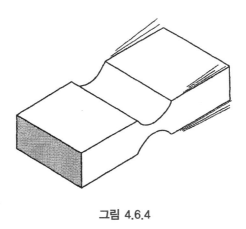

그림 4.6.4

그림 4.6.4에 도시되어 있는 **모놀리식**(monolithic) 플랙셔는 박판형 플랙셔를 극단적으로 짧고 두껍게 만든 결과이다. 이 플랙셔는 탄성 좌굴을 일으키지 않는다. 또한 단순 굽힘의 단 하나의 굽힘 모드만을 가지고 있다. 이 변형의 운동범위는 매우 제한되며, 구성 재료에 따라서 수분의 일도에 불과할 수도 있다.

4.7 탄성 좌굴

그림 4.7.1에서는 압축하중 P를 받는 평면형 박판 플랙셔나 직선형 와이어 플랙셔의 측면도를 보여주고 있다. 플랙셔는 탄성 좌굴한계 하중인 P_{cr}에 도

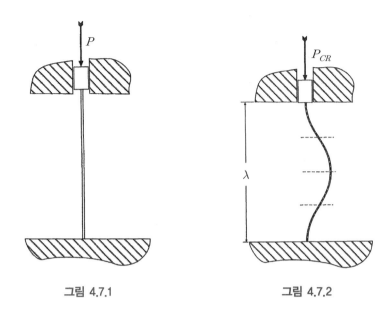

그림 4.7.1   그림 4.7.2

달할 때까지는 변형 없이 하중 P를 지탱한다. 일당 하중이 P_{cr}을 넘어서게 되면, 플랙셔는 **좌굴**을 일으킨다. 좌굴을 일으킨 플랙셔는 **그림 4.7.2**의 형태를 나타낸다. 이 형상은 파장 길이가 λ인 코사인 파형의 1 주기와 같다. 하중이 더 증가하면 코사인 파형의 진폭이 더 커지지만 플랙셔의 강성은 급격하게 감소한다. 높은 강성을 갖는 플랙셔를 구현하기 위해서는 작용 하중이 P_{cr}을 넘지 않도록 주의해야만 한다.

대부분의 공학교재에서 **좌굴(buckling)**에 대한 공식을 제시하고 있지만, 이 현상을 변형된 형상의 측면에서 설명하지는 않고 있다. 하지만 이런 경우 엔지니어가 좌굴 문제를 풀기 위해서 단지 기계적인 접근을 할 수 밖에 없다는 것은 불행한 일이다. 만약 플랙셔의 형상을 기반으로 좌굴현상을 살펴본다면 더 깊게 이해할 수 있다.

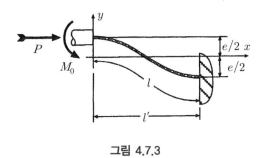

그림 4.7.3

지금부터 P_{cr}보다 큰 압축하중이 작용하여 좌굴이 발생한 플랙셔의 변형된 형상을 해석해보기로 하자. **그림 4.7.2**에 도시된 플랙셔의 딱 절반 길이인 **그림 4.7.3**에 도시된 플랙셔에 대해서 해석을 수행하려 한다. 하중 P와 함께 모멘트 M_0가 작용하여 플랙셔 좌측 끝단의 기울기를 0으로 유지한다.

l = 플랙셔의 실제 길이

l' = 하중 P 방향으로 정사영된 플랙셔의 길이

e = 하중 P의 수직 방향으로의 변형량

플랙셔 상의 임의의 점 x에 작용하는 모멘트는

$$M = -M_0 + P\left(\frac{e}{2} - y\right)$$

빔 변형 이론에 따르면

$$\frac{d^2 y}{dx^2} = \frac{M}{EI} = \frac{1}{EI}\left[-M_0 + P\left(\frac{e}{2} - y\right)\right] \tag{1}$$

그런데 플랙셔의 좌굴형상을 코사인 함수로 가정하면

$$y = \frac{e}{2} \cos\left(\frac{\pi x}{l'}\right) \tag{2}$$

$$\frac{dy}{dx} = -\frac{e\pi}{2l'} \sin\left(\frac{\pi x}{l'}\right) \tag{3}$$

$$\frac{d^2 y}{dx^2} = -\frac{e}{2}\left(\frac{\pi}{l'}\right)^2 \cos\left(\frac{\pi x}{l'}\right) = -\left(\frac{\pi}{l'}\right)^2 y$$

이를 식 (1)에 대입하면

$$-\left(\frac{\pi}{l'}\right)^2 y = \frac{1}{EI}\left[-M_0 + P\left(\frac{e}{2} - y\right)\right]$$

$$y\left[\left(\frac{\pi}{l'}\right)^2 - \frac{P}{EI}\right] = \frac{1}{EI}\left(M_0 - P\frac{e}{2}\right)$$

좌변의 y는 코사인 함수인 반면에 우변은 상수이므로 이 방정식이 성립되는 유일한 답은 양변이 각각 0인 경우뿐이다.

$$\left(\frac{\pi}{l'}\right)^2 - \frac{P}{EI} = 0$$

$$M_0 - P\frac{e}{2} = 0$$

$$l' = \pi \sqrt{\frac{EI}{P}} \tag{4}$$

$$M_0 = P\frac{e}{2} \tag{5}$$

이를 살펴보면 $P > P_{cr}$ 인 압축 하중을 받는 플랙셔에서 몇 가지 흥미로운 점들을 발견할 수 있다.

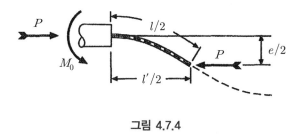

그림 4.7.4

A. 플랙셔의 좌굴형상은 파장 길이 $2l'$, 진폭 $\frac{e}{2}$ 인 코사인 곡선[식 (2)]의 절반 파형의 형상을 갖는다.

B. 플랙셔가 직선($e = 0$)이면 $l' = l$ 이며 식 (4)는 정확히 칼럼 좌굴에 대한 오일러 방정식과 일치한다.

C. 이 플랙셔는 P_{cr} 보다 큰 부하를 지지할 수 있다. P_{cr} 보다 큰 하중은 코사인 파형의 절반 주기 형상을 갖는 플랙셔에 의해서 탄성 지지된다.

D. (플랙셔)곡선의 중앙에서 굽힘 모멘트는 0이며 양단에서는 최대이다. [식 (1)과 식 (5)]

플랙셔의 중간 위치에서의 모멘트가 0이므로 등가하중을 **그림 4.7.4**에서와 같이 나타낼 수 있다. 이것은 기본 코사인 곡선의 1/4 파장에 해당되며 흥미로운 실험이 가능하다.

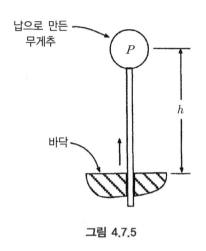

납으로 만든
무게추

P

h

바닥

그림 4.7.5

그림 4.7.5에서와 같이 질량이 P인 납으로 만든 볼이 가느다란 막대의 끝에 지지되어 바닥에 수직으로 꽂혀 있다고 하자. 그리고 바닥 아래의 메커니즘이 이 막대를 위로 밀어 올려서 질점과 바닥 사이의 거리 h가 증가한다고 상상해보기로 한다.

매우 긴 막대의 길이 범위에 대해서 질점과 바닥 사이의 거리가 일정하다면 높이 h는 다음 식으로 정의할 수 있다.

$$h = \frac{l'}{2} = \frac{\pi}{2}\sqrt{\frac{EI}{P}}$$

따라서 높이는 다음에 의해서만 결정된다.

- 막대 소재의 탄성계수
- 막대의 관성 모멘트
- 상부 질량의 대소

만일 막대의 길이가 $\frac{\pi}{2}\sqrt{\frac{EI}{P}}$ 보다 짧다면 막대는 완벽한 직선을 유지한다. 하지만 일단 막대의 길이가 $\frac{\pi}{2}\sqrt{\frac{EI}{P}}$ 를 넘어서면 막대는 **임계 하중**을 받게 되며 코사인 곡선의 1/4 파장 형상을 나타낸다.

막대가 바닥에서 계속 위로 밀려 올라가도 높이 h는 일정한 길이를 유지하며 코사인 파형의 진폭이 증가한다. 일정한 높이에서 질량은 단순히 측면 방향으로 움직인다.

궁극적으로는 막대 내부의 조직에 가해지는 응력이 소재의 탄성 한계를 넘어서게 된다. 막대에 항복이 발생하면 납볼은 결국 떨어져버린다.

이 실험은 오히려 칼럼 좌굴의 탄성적 성질을 보여주기 때문에 흥미롭다. 멈춤쇠를 사용하면 때때로 가해지는 과도한 하중에 의한 좌굴에 대해 플랙셔가 손상을 입지 않고 버틸 수 있다. 또한 실험에 따르면 플랙셔 끝단의 구속 변화에 따라서 플랙셔의 변형된 형상이 코사인 곡선의 각기 다른 부분을 추종한다는 것을 발견하였다. 주어진 플랙셔의 끝단 구속조건을 알면, 설계자는 플랙셔의 길이를 오일러 방정식에 의한 길이 l과 연결시켜서 P_{cr}의 값을 정확하게 찾아낼 수 있다. 여기에는 좌굴형상에 따라서 몇 가지 추가적인 끝단 구속조건이 존재한다. 각각의 경우, 좌굴형상은 **그림 4.7.2**에 도시된 코사인 곡선의 일부분을 따른다.

예를 들어 **그림 4.7.6**에서는 양단이 모두 측면 방향으로는 구속되어 있지만 자유롭게 회전할 수 있는 플랙셔가 좌굴된 형태를 보여주고 있다. 이 플랙셔의

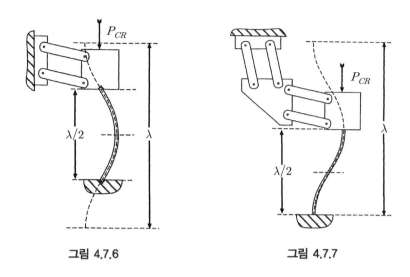

그림 4.7.6   그림 4.7.7

변형 형상은 코사인 곡선의 중앙부 형태를 따르고 있다. **그림 4.7.7**에 도시된 플랙셔 역시 코사인 곡선의 절반 형상을 따르고 있지만, 이전의 경우와는 곡선의 다른 부분을 따르고 있음을 알 수 있다. 이 경우, 플랙셔의 양단이 회전 방향에 대해서는 구속되어 있지만, 측면 방향으로는 자유롭게 움직일 수 있다.

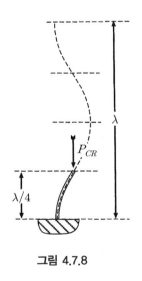

그림 4.7.8

그림 4.7.8에서는 한쪽 끝단이 측면 방향 및 회전 방향에 대해서 자유로운 플랙셔를 보여주고 있다. 이 플랙셔의 변형된 형상은 코사인 곡선의 1/4을 추종한다(이것은 **그림** 4.7.4에서의 부하 조건과 동일하다).

그림 4.7.9

그림 4.7.8에 도시되어 있는 좌굴된 플랙셔의 형상을 **그림** 4.7.9의 변형된 외팔보와 비교해보자. 두 변형된 형상이 유사해보이지만 이들은 사이에는 근본적인 차이가 있다. 외팔보는 하중 F에 의해서 다항식 곡선을 추종한다.

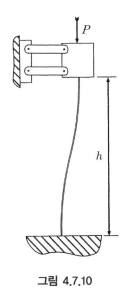

그림 4.7.10

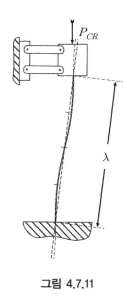

그림 4.7.11

이제 **그림 4.7.10**에 도시된 변형된 플랙셔의 형상을 살펴보기로 하자. $P = 0$ 일 때, 플랙셔의 형상은 두 자유단이 서로 연결된 2 개의 변형된 외팔보와 동일한 형상을 갖는다. 하중 P가 증가하면 플랙셔의 형상은 미묘한 변화를 일으키며, 상단에서 미소한 수직 방향 변위가 발생한다. 그런데 부하 P가

$$P_{cr} = \frac{4\pi^2 EI}{h^2}$$

에 도달하면 플랙셔의 변형된 형상은 코사인 곡선의 1주기를 따르게 된다. **그림 4.7.10**에 도시된 플랙셔의 변형형상이 과연 코사인 곡선의 1주기처럼 보이는가?

변형된 플랙셔의 형상을 관찰하는 것만으로는 명확하지 않다. 사실 이 형상은 코사인 곡선의 절반 주기처럼 보이기 때문에 외형을 관찰하는 것만으로 예측하는 것은 위험하다. 하지만 플랙셔에 가해진 구속조건에 따르면 플랙셔는 **그림 4.7.11**에서와 같이 코사인 파형의 1주기를 추종하게 된다.

[단원 요약]

구속 패턴 분석기법을 사용하여 물체들 사이의 박판 및 와이어 플랙셔 연결에 대해서 해석을 수행하였다. 박판 교차형 플랙셔 구조와 같은 낯익은 연결에 대한 분석을 통해서 우리가 예상했던 결과를 정확히 얻을 수 있었다. 그런 다음 직관만으로는 얻지 못하거나 잘못된 답을 얻게 되는 익숙하지 않은 구조에 대해서 이 분석기법을 적용해보았다. 구속 패턴 분석은 전체적인 구속 패턴이나 자유도를 아주 빠르고 손쉽게 찾아준다.

Chapter 05

커플링

E X A C T
C O N S T R A I N T
MACHINE DESIGN USING
KINEMATIC PRINCIPLES

대략적으로 동축을 유지하고 있는 두 축 사이에 회전 구속 연결을 이루기 위해서 **주축용 커플링**이 사용된다. 매우 다양한 유형의 주축용 커플링이 출시되어 있으며, 설계자는 이들 중에서 선택을 하면 된다.

그런데 만약 설계자가 이미 두 주축에 부가되어 있는 C들의 패턴을 알고 있다면 어떤 패턴의 C들(또는 R들)이 커플링에 필요한지를 알 수 있다.

일단, 올바른 패턴의 C(혹은 R)를 구현할 수 있는 유력한 커플링들이 추려지고 나면, 가격, 백래시, 최대허용 부정렬, 감김강성, 강도, 유지보수 들과 같은 특정 용도에 대한 사양들을 기반으로 더 세밀하게 선정을 진행할 수 있다.

5.1 C가 4개인 커플링 ❄

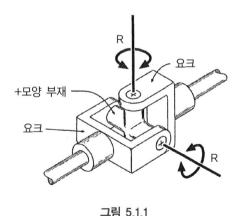

그림 5.1.1

그림 5.1.1에 도시되어 있는 **유니버설 커플링**(U-조인트)은 매우 잘 알려진 커플링이다. 이 커플링은 2개의 요크와 하나의 +자 모양 부재로, 총 3개의 주요 부재로 이루어져 있다.

부품들은 서로 직렬(순차) 연결되어 R_1과 R_2의 2개의 R들이 서로 교차하고 있다. 이것의 대응 패턴은 4개의 C들로서, 이 절의 제목 옆에 그려진 표식과 같은 패턴을 가지고 있다. 이 커플링을 나타내는 C들의 패턴은 두 축들 사이를 연결하는 볼-소켓 형태의 연결과 회전축들 사이의 회전을 구속하는 기구가 합쳐진 형태이다. 회전 구속은 커플링에 높은 **감김**(wind up) 강성 특성을 부여해준다. 일반적으로, 이 특성은 회전축 커플링에 바람직한 특성이다.

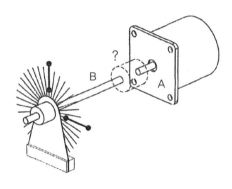

그림 5.1.2

그림 5.1.2에서와 같이, 축 A는 모터축이고 위치가 고정되어 있는 경우에 대해서 살펴보기로 하자. 축 B의 좌측 단은 플랙셔에 설치된 진원형 베어링에 지지되어 있다. 플랙셔 위에 설치된 진원형 베어링은 축 B에 플랙셔 평면 내에 위치하며 회전축에서 서로 교차하는 2개의 반경 방향 C들을 생성한다.

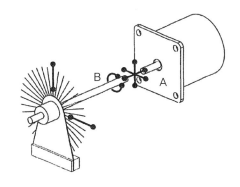

그림 5.1.3

정확한 구속조건을 가지고 모터 축을 축 B에 연결하기 위해서는 4개의 C 를 갖춘(유니버설 조인트 같은) 커플링이 필요하다. 커플링이 만드는 이 4개 의 C패턴과 플랙셔에 설치된 2개의 C패턴들이 축 B의 6자유도를 정확하게 구속해준다. **그림 5.1.3**에서는 이 연결구조의 구속선도를 보여주고 있다.

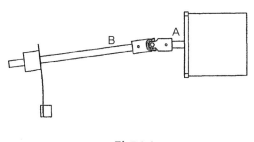

그림 5.1.4

이처럼 축 B와의 정확한 구속조건 설계를 통해서, 모터와 베어링에 지지된 축 B 사이의 위치 부정확성에 대해 이 장비는 둔감해진다. **그림 5.1.4**에서는 베어링의 위치가 잘 못 선정된 경우의 장비 상태를 과장하여 보여주고 있다. 축 B는 축 A와 **각도 부정렬**을 가지고 연결되어 있다. 커플링 내의 R들과 플 랙셔/베어링 연결구조 내의 R들이 이 부정렬을 손쉽게 수용한다.

5.2 *C*가 3개인 커플링 ☀

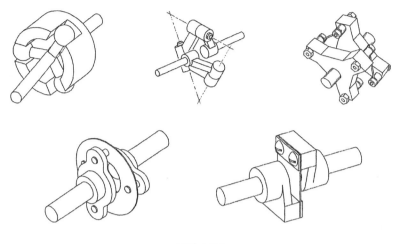

그림 5.2.1

    *C*가 3개인 커플링은 *C*들이 이루는 평면이 연결된 회전축이 축선과 수직인 3개의 동일 평면상의 *C*들의 패턴을 만들어낸다. 아마도 이 패턴이 박판형 플랙셔에 의해 만들어진 구속 패턴과 정확히 일치한다는 것을 떠올렸을 것이다. 이에 대한 대응 패턴은 동일한 평면상에 위치하는 3개의 *R*들이다. 이 패턴을 구현해주는 다양한 커플링 구조를 생각해낼 수 있다.

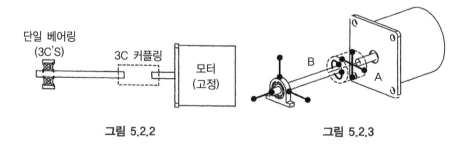

그림 5.2.2   그림 5.2.3

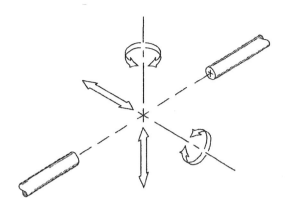

그림 5.3.5

따라서 **그림** 5.3.5는 이중 유니버설 커플링과 등가구조로서 각각의 T는 무한히 먼 곳에 위치하는 R과 같다. 커플링의 자유도를 이런 방식으로 나타내 보면, **그림** 5.3.6에서와 같은 유니버설 측면운동 커플링이 도출된다. 이 측면운동 유니버설 커플링은 각 연결이 2 자유도(각각의 횡 방향 연결 축에 대한 미끄럼과 회전)를 갖는 허브-링-허브의 순차 연결구조를 갖고 있다.

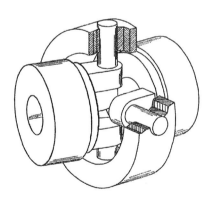

그림 5.3.6

이와 같이 간단한 구속 패턴 해석을 통해서, 미소운동에 대해 측면운동 커플링은 이중 유니버설 조인트와 기구학적으로 등가임을 보여준다. 부정렬을 가지고 있는 두 회전축 사이를 연결하는 것은 커플링의 가장 분명한 용도이나, 유일한 용도는 아니다. 이제 리드스크류로 구동되는 이송체에 적절한 너트-이송체 연결을 구현하기 위해서 정확히 2개의 C를 갖는 커플링이 필요하다는 점을 살펴보기로 한다.

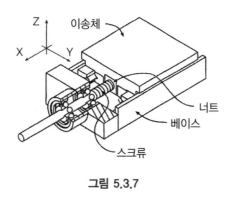

그림 5.3.7

그림 5.3.7에서는 전형적인 리드스크류에 의해 구동되는 병진운동 스테이지의 세부 구조를 나타내는 단면도를 보여주고 있다. 이 장치에서 이송체는 한 쌍의 레일에 지지되어 1 자유도를 제외한 모든 자유도가 구속되어 있다. 이송체에 남아 있는 자유도는 X 방향이다. (실제의 경우 이 레일들은 3 자유도에 대해서 과도 구속을 이루고 있지만, 이를 무시하고 리드스크류와 너트에만 집중하기로 한다.) 한 쌍의 볼 베어링에 의해서 리드스크류가 바닥에 설치되므로, 바닥에 대해서 상대적인 리드스크류의 위치는 X, Y, Z, θ_y 및 θ_z에 대해서 고정되어 있다. 더욱이 모터와 같은 일부 구동수단(도시되어 있지 않음)이 리드스크류에 θ_x 구속을 가한다. 따라서 리드스크류에 조립되어 있는 너트도 이송체에 강하게 부착되어 있다면, 총체적으로 과도 구속이 되어 있는 것

이 명백하다. 너트의 Y, Z, θ_y 및 θ_z는 리드스크류와 이송체 모두에 의해서 구속되어 있다.

그러나 너트와 이송체 사이의 올바른 연결은 단지 2개의 구속만을 가지고 있어야 한다. 리드스크류와 너트의 역할은 바닥과 이송체 사이에 조절 가능한 X 방향 구속을 제공하는 그 이상도, 이하도 아니라는 것을 생각해보면 이 결론은 그리 놀랄 만한 것이 아니다. 너트의 θ_x의 위치와 리드스크류의 X 방향 위치가 고정되어 있는 경우에 너트의 X 방향 위치는 리드스크류의 θ_x 방향 위치와 선형 비례관계를 가지고 있다. 따라서 너트와 이송체 사이에 X 방향 구속이 필요할 뿐만 아니라, θ_x 방향 구속도 필요하다. 그러나 더 이상의 구속 장치가 필요하지도, 요망되지도 않는다. 리드스크류가 너트를 Y, Z, θ_y 및 θ_z 방향으로 이미 4 자유도를 구속하고 있기 때문에 너트와 이송체 사이에 있는 이 방향들의 연결은 자유로워야 한다.

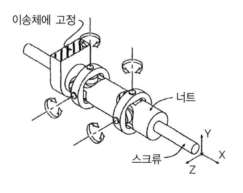

그림 5.3.8

X 및 θ_x의 두 방향만 구속할 수 있는 패턴을 만들 수는 없다. 따라서 특정한 형태의 순차 연결을 이용해야 한다. 예를 들어 각각이 2 자유도를 갖는 연

결구조 2개를 순차 연결하거나, 1 자유도를 갖는 연결구조 4개를 순차 연결하여 필요한 4 자유도를 구현한다. 이런 연결구조는 **그림 5.3.8**에서와 같이 회전축 커플링에서 자주 사용된다(보통은 각각의 유니버설 조인트는 +부재와 트러니언들로 구성되지만, 여기서는 리드스크류가 중심을 관통하기 때문에 +부재 대신에 링이 사용되었다). 이 유니버설 조인트 쌍이 4개의 회전 자유도를 구현해준다. 따라서 이 연결은 필요한 대로 정확히 2 자유도만을 구속하고 있다. 만약 이 구조가 병진이송 스테이지에서 너트와 이송체 사이에 필요한 연결을 정확히 구현해준다면, 왜 이런 구조를 이전에는 본 적이 없을까? 2개의 회전축을 연결하기 위해서 회전축 커플링이 훌륭한 실용기계 설계의 사례로 널리 받아들여지고 있는 반면에 너트와 이송체 사이의 연결에는 거의 적용되지 않고 있다는 점은 큰 의구심을 가지게 한다. 이들 두 연결 사례는 동일한 요구조건을 가지고 있다. 너트와 이송체 사이의 연결은 θ_x 및 X의 2 자유도 구속을 필요로 한다. 이는 정확히 4개의 회전축 커플링의 C에 의해서 부가된다.

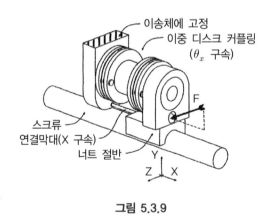

그림 5.3.9

회전축 커플링과 너트-이송체 연결 사이의 유사성은 설계자로 하여금 너트-이송체 연결에 임의의 숫자의 서로 다른 잘 알려진 회전축 커플링의 사용을 고려해보게 만든다. **그림 5.3.9**에서는 이런 목적을 위해서 이중 디스크 커플링을 사용하는 방안을 설명하고 있다. 하지만 이 커플링은 θ_x 방향만을 구속할 수 있기 때문에 별도로 X 방향 구속이 추가되어야만 한다. 또한 너트의 절반만이 사용된다는 점에도 유의해야 한다. 비스듬하게 가해지는 작용력 F는 절반짜리 너트를 리드스크류에 안착시켜줄 뿐만 아니라 X 방향으로의 구속을 위한 고정력도 제공해준다. 리드스크류에 안착된 절반짜리 스크류를 사용하는 것의 장점은 너트와 스크류 사이에 정밀한 정합을 구현할 수 있다는 점이다. 마모가 진행되면 너트의 나사산이 스크류와 더 잘 들어맞게 된다.

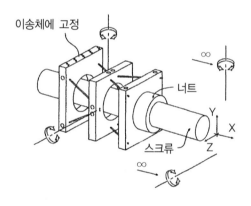

그림 5.3.10

그림 5.3.10의 너트-이송체 연결은 각각이 2 자유도를 가지고 있는 2개조의 순차 연결로 이루어진다. 이 장치는 이스트만 코닥사의 Brad Jadrich가 민감한 스캔 프린팅 장비에 사용하기 위해서 설계하였다. 플랙셔 와이어들은 (이중 유니버설 조인트 연결에서와 같이) 연결구조 내에서 아무런 이완이 없도록 조립된다.

기구학적으로 이 모든 너트-이송체 연결은 등가이다. 이들 각각은 X 및 θ_x

의 2 방향 구속을 이룬다. 이 과정에서의 비결이라는 것은 원하는 구속을 구현하는 연결을 보다 값싸고 손쉽게 만드는 방법을 고안하는 것이다. 이런 관점에서 가장 세련된 연결구조는 **그림 5.3.11**에 도시되어 있는 구조일 것이다. US Patent #3831460(1974년 8월 27일)로 공개된 이 설계는 모놀리식 플랙셔 힌지(R)들로 작용하는 4개조의 슬롯들이 가공된 튜브로 이루어져 있다. 튜브 벽의 두께는 (슬롯 사이의) 각각의 튜브 단면들이 별개의 강체로 작용될 수 있을 정도가 되어야 한다.

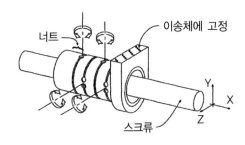

그림 5.3.11

5.4 *C*가 1개인 커플링

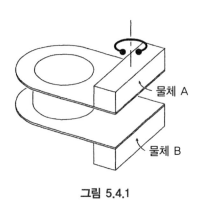

그림 5.4.1

그림 5.4.1의 구조(그림 4.5.9의 반복)는 벨로우즈의 기본 요소로서 순수한 회전 구속을 구현하는 유연 구조물이다. 벨로우즈는 실제적으로 원형 튜브에 순차적으로 연결된 평행 박판이다. 비록 벨로우즈 내의 각 평행판들이 미소 변형만을 수용할 수 있다고 하더라도, 전체 구조물은 비교적 큰 변형을 수용할 수 있다. 그런데 벨로우즈는 박판 플랙셔들의 순차 연결로 이루어져 있기 때문에 각 박판마다 3개의 R(인접 반판 쌍들 사이에는 5개의 R)들을 더해야 한다는 점을 기억해야 한다. 만일 이 벨로우즈들이 성능저하 없이 높은 강성으로 회전 구속을 유지하려면 모든 박판의 평면들이 공통 직선에 대해서 서로 교차해야만 한다.

다시 말해서 벨로우즈들 각각의 축선은 일정한 곡률반경을 갖는 평면 원호를 따라가야만 한다. 이는 다음 방법으로 쉽게 설명할 수 있다. 우리는 이미 인접한 박판 플랙셔 각각의 쌍들은 그 평면들의 교점에서 하나의 구속을 정의한다는 것을 배운바 있다. 개념적으로는 이 구속이 와이어 플랙셔에 의해서 이루어졌다고 생각할 수 있다. 벨로우즈 내의 인접한 각 박판 플랙셔들 쌍

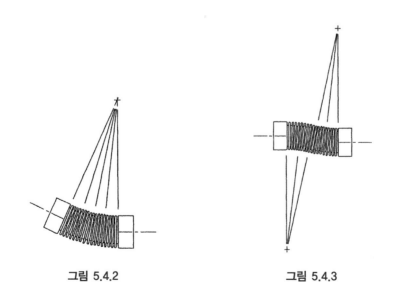

그림 5.4.2   그림 5.4.3

에 대해서 이를 대입해 상상해볼 수 있다. 이제, 만일 다수의 와이어 플랙셔들이 서로 직렬로 연결되어 있다면, 이들을 통해서 구속을 이룰 수 있는 유일한 방법은 이들이 동일선상에 위치하는 것이다.

우리가 만약 2개의 정렬되지 않은 회전축들 사이에서 강력한 비틀림 커플링을 구현하기 위해서 벨로우즈를 사용할 예정이라면, 위의 요건은 알아야만 하는 중요한 내용이다. 예를 들어 **그림 5.4.3**에 도시된 구조는 벨로우즈의 축들이 하나의 원호 경로를 따르지 않고 **S**자 형상을 나타내고 있기 때문에, 비틀림에 대해서 유연해져버린다.

대부분의 설계자들은 이 사실을 알게 되면 놀란다. 하지만 정말로 놀라운 사실은 벨로우즈 커플링 제조업체에서조차도 이 사실을 알지 못하고 있다는 점이다. 이들은 카탈로그에 커플링을 **그림 5.4.3**과 같이 스케치 해놓고는 감김 유연성에 따른 위험을 전혀 언급하지 않고 있다.

저자는 최근에 수행한 프로젝트에서 서보모터와 리드스크류 사이에 사용할 커플링으로 유연축을 고려하였다. 유연축은 튜브 덮개가 없는 속도계 케이블처럼 생겼다. 구조적으로는 벨로우즈와 아무런 유사점이 없어 보이지만, 기구학적으로는 벨로우즈처럼 작동한다. 이 유연축은 원형 경로를 따라 굽어진 경우에 감김 방향에 대해서 매우 강성이 높지만, S형상으로 구부리고 나면 강성을 잃어버리고 만다.

처음에는 프로젝트에 참여한 몇몇 엔지니어들이 과거에 유연축을 사용하면서 경험했던 나쁜 기억들 때문에 유연축을 사용하는 것을 꺼렸다. 이들은 대부분의 다른 설계자들처럼 휘어진 경로의 형상과 비틀림 강성 사이의 관계의 중요성에 대해서 인식하지 못하고 있었다. 이는 기계 설계자들이 구속 패턴 분석을 수행할 때에 활용할 수 있는 직관의 좋은 사례이다.

5.5 *C*가 0개인 커플링

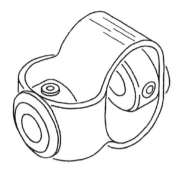

그림 5.5.1

일부의 커플링들은 고무로 제작하며 아무런 강체 구속도 이루어지지 않는다. **그림 5.5.1**에 도시되어 있는 이런 유형의 커플링은 모든 자유도에 대해서 유연하다. 이 커플링은 각도 부정렬, 반경 방향 및 축 방향 부정렬 등을 수용할 수 있을 뿐만 아니라 회전 감김도 수용한다. 일부 서보기기의 경우 이는 수용할 수 없는 조건이지만, 여타의 적용 사례에서는 바람직한 성질이다.

그림 5.5.2

감김에 대해 유연하게 만들기 위해서 커플링을 꼭 고무로 만들 필요는 없다. 2개의 회전축을 코일 스프링으로 연결하는 경우를 생각해보자. 이런 커플링은 아무런 구속도 이루지 못한다는 것이 명확하다. **그림 5.5.2**에 도시된 커플링은 코일을 감는 대신에 절삭하여 만든 진짜 코일 스프링이다. 감김에 대해서 강체 구속이 필요한 용도에는 절대로 사용하지 말아야 한다.

[단원 요약]

　회전축 커플링들은 모두 동일하게 만들어지는 것이 아니다. 이 단원을 통해서 4개의 C들부터 C가 0개인 유형에 이르기까지 5가지의 명확히 다른 유형들이 있음을 살펴보았다. 기계 설계자들에게 이는 복잡할 것이며, 잘해야 수많은 사용 가능한 커플링들 중에서 특정한 용도에 최적인 커플링을 선정하기 위한 분류 정도로 활용할 것이다. 구속 패턴 분석기법을 활용함으로써 광고용 속임수로부터 진실을 구분해내고 현명한 선택을 할 수 있다. 이 기법은 심지어 새로운 커플링 설계를 발명할 수도 있다.

Chapter 06
하드웨어 내에서의 *R/C* 패턴

E X A C T
C O N S T R A I N T

MACHINE DESIGN USING
KINEMATIC PRINCIPLES

Chapter 06 하드웨어 내에서의 R/C 패턴

정확한 구속 : 기구학적 원리를 이용한 기계설계

이 장에서는 다양한 기계적 연결들 내에 존재하는 R 및 C들의 패턴을 탐구해본다. (접촉점, 링크, 베어링, 볼-소켓 조인트, 플랙셔 등과 같은) 하드웨어의 배경을 살펴보고, 가해진 구속과 그에 따른 자유도를 나타내는 직선들의 패턴을 검사함으로써, 우리는 기계적인 연결을 손쉽게 가시화하여 나타낼 수 있는 영역을 발견할 수 있다. 구속의 도식화 기법을 숙달하고 나면, 기계설계자는 기계설계를 합성 및 분석할 수 있는 강력한 도구를 갖게 된다.

6.1 강력하고 정밀한 고정력을 구현하는 탈착식 연결구조 (6개의 C / 0개의 R)

이 절에서는 기준 물체에 대해서 모든 자유도를 정확하게 구속하는 6개의 구속요소들에 대한 다양한 사례들을 살펴보기로 한다. 특히, 손쉽게 탈착이 가능하며 다시 조립했을 때에 정확하게 반복된(정밀한) 위치로 되돌아갈 수 있는 연결구조에 관심을 가지고 있다. 이런 유형의 연결들은 일반적으로 각각의 접촉점에 수직력을 가할 수 있도록 6개의 접촉점들과 고정력이 배치되어야 한다. 이러한 연결을 **탈착식** 연결이라고 부른다.

정확히 구속된 탈착 가능한 연결구조의 첫 번째 사례로 **그림 6.1.1**의 구조를 살펴보기로 한다. 이 물체는 6개의 구속요소가 이루는 패턴인 바닥 표면에 대한 3개의 병렬 구속과 바닥면에 직교한 두 번째 표면에 대한 2개의 병렬 구속

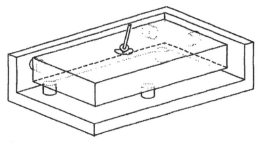

그림 6.1.1

그리고 앞의 두 표면들과 직교하는 세 번째 표면에 대한 1개의 구속에 의해서 정확한 구속이 이루어져 있다. 각각의 구속들은 점접촉을 하고 있다. 벡터 합산을 사용하면 6개의 접촉점들 각각에 동일한 수직력을 부가하는 하나의 고정력 힘 벡터를 산출할 수 있다. 소위 **3평면 패턴**이라고 부르는 이 구속 패턴은 가공이나 측정을 위해서 부품을 정밀하게 고정할 때 가끔씩 사용한다. 그리고는 다양한 형상의 치수들을 3개의 서로 직교하는 기준면들에 대해서 측정한다. 주 기준면은 3개의 서로 직교하는 기준면들에 대해서 측정한다. 주 기준면은 3개의 병렬 구속이 이루어지는 접촉점들에 의해 정의되는 평면이며, 두 번째 기준면은 주 기준면과 2개의 병렬 구속이 이루어지는 접촉점을 포함한다. 세 번째 기준면은 주 기준면 및 2차 기준면과 직교하며 나머지 하나의 구속이 이루어지는 접촉면을 포함한다.

3평면 구속 패턴을 사용하는 실제 적용 사례로 **그림 6.1.2**에서와 같은 유리 소재의 빔 분할 프리즘의 마운트가 예시되어 있다. 이 프리즘은 손쉽게 분리하여 세척한 후에 어떠한 조절이나 수정 없이 정확히 처음 위치에 다시 설치할 수 있다. 대칭 위치에 설치된 2개의 스프링들이 프리즘을 주 평면의 3개 접촉점과 2차 평면의 2개 접촉점에 대해서 고정력을 가하지만 세 번째 평면의 접촉점에 대해서는 고정력을 가하지 못한다. 그런데 프리즘은 이 방향(X)

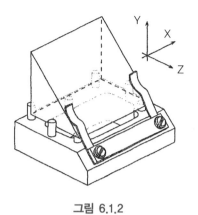

그림 6.1.2

에 대해서는 평행한 형상을 가지고 있기 때문에 X축 방향으로의 위치에 둔감하여 이 방향으로의 정밀한 위치결정이 필요 없다. 그러므로 우리는 X 방향으로 프리즘을 과도 구속하기로 결정하였다. 2개의 접촉점이 프리즘을 X 방향 양단에서 구속한다. 이들 두 접촉점 사이의 거리는 프리즘의 최대길이보다 약간 더 길게 배치한다. 1.5절에 따르면 과도 구속은 틈새나 쬠새를 유발하는데, 이 경우에는 틈새를 만든다.

　탈착식 연결구조에 대한 성능 시험은 각각의 접촉점들이 한 번에 하나씩 접촉이 떨어지도록 물체를 밀어올린 다음, 이 힘을 해지하고 다름 모든 접촉점들에서 발생하는 미끄럼 마찰을 극복하고 물체가 완벽하게 고정위치로 되돌아갈 수 있도록 고정력을 가하는 과정을 수행하는 것이다. 만일 접촉점들 중 어느 하나가 들려 올라간 후에 물체가 다시 원위치로 돌아가지 못한다면, 고정력 분석(1.6절)을 통해서 그 이유를 알아낼 수 있다.

　그림 6.1.3에서는 기구학적 조인트로 매우 잘 알려져 있는 두 가지 탈착식 연결구조가 제시되어 있다. 이들은 **기구학적 연결**(일명 켈빈 클램프)이라고도 부른다. 두 경우 모두, 하부 물체에는 3개의 구체가 강하게 부착되어 있다. 우선 **그림 6.1.3A**의 구조를 살펴보기로 하자. 첫 번째 볼은 원추형 또는 사면

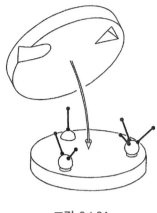

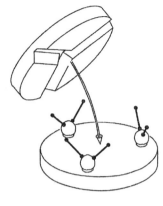

그림 6.1.3A   그림 6.1.3B

체 모양의 소켓에 안착되어 볼의 중심을 통과하는 3개의 구속을 생성한다. 두

번째 볼은 축들이 소켓에서 교차되는 V형홈 속에 안착된다. 이를 통해서 2개

의 추가적인 구속이 두 번째 볼의 중심을 통과하며 홈의 축선에 수직한 방향

으로 생성된다. 이 상태에서 남아 있는 자유도는 이들 두 볼의 중심을 통과하

는 R로 유일하게 정의된다. 세 번째 볼이 상부 물체와 하나의 점에서 접촉함

으로써 이 자유도가 구속된다. 아래로 향하는 수직 방향 작용력이 상부물체

를 정위치에 고정시켜준다.

그림 6.1.3B의 구조는 평면 내 3방향에 대해서 대칭적인 구조를 가지고 있

다. C들의 패턴은 각각의 교차쌍들이 이루는 평면이 부품의 원주 방향에 대

칭적으로 분포되어 있는 3개의 교차쌍들로 이루어져 있다. 하부 물체에 고정

되어 있는 각각의 볼들은 상부에 반경 방향으로 배치된 그루브들 속에 안착

된다. 2개의 볼들은 제대로 안착되어 있지만 세 번째 볼은 그렇지 못한 순간

의 구속조건에 대해 살펴보기로 하자. 이 순간에 두 볼들 각각은 볼들의 중심

을 관통하는 한 쌍의 구속조건을 가지고 있으며 해당 그루브에 대해 수직인

평면에 놓여 있다. 이때의 총 구속의 숫자는 4이다. 우리는 4개의 C들 모두와

서로 교차하는 2개의 R 자유도가 있다는 것을 알고 있다. R들 중 하나는 두 볼의 중심을 연결하는 선상에 위치한다. 나머지 R은 두 구속평면들의 교차선 상에 위치한다. 이제 세 번째 볼이 그루브 속에 안착된다면, 추가적으로 2개의 C들이 적용되면서 2개의 R들이 없어진다. 여기서 모든 접촉점들에 고정력을 부가하는 방향은 수직 아래 방향이다.

그림 6.1.4

그림 6.1.4는 그림 6.1.3B의 변형으로서 볼들은 반경 방향으로 배치된 핀들로 하부 물체는 얇은 링으로 대체되어 있다. 여기서 주의할 점은 핀들과 그루브 표면 사이의 접촉위치를 정확히 맞추기 위해서 하부 물체의 V형홈들이 라운드 성형되어 있다는 것이다.

이제 핀과 해당 V형홈들의 위치를 변경시키는 경우에 대해서 살펴보기로 하자. 이들을 꼭 대칭적으로 배치할 필요는 없다. 그림 6.1.5에서는 물체를 원형 막대에 정밀하게 접촉시키기 위해서 사용하는 탈착 방식 3개의 V형홈-핀 구조를 보여주고 있다. V형홈들 2개는 막대와 접촉하고 있다. 이런 경우 물체는 막대의 길이 방향에 대해서 자유롭게 회전 및 이동을 할 수 있다. 세 번째 V형홈이 막대에 설치된 돌기 기둥과 접촉하면서 접선 방향 및 축 방향 구속이 이루어진다.

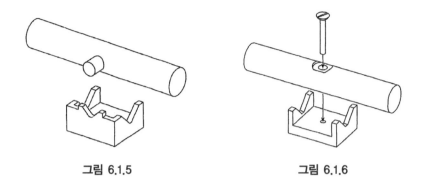

그림 6.1.5   그림 6.1.6

　그림 6.1.6에서는 이 구조의 변형사례를 보여주고 있다. 여기서도 2개의 V형
홈들을 통해서 물체가 원형 막대에 설치되지만, 이번에는 막대의 축 방향 및
반경 방향 자유도를 구속하기 위해서 접시머리 나사 하나를 사용하였다. 이
나사는 고정력을 가할 뿐만 아니라 나사 머리 하부면의 원추형상과 물체에
성형된 구멍의 모서리 사이의 접촉을 통해서 접선 방향과 축 방향의 구속을
이루어낸다. 그런데 여기서 주의할 점은 스크류 나사가 이완되면 축 방향 및
반경 방향 위치결정 정밀도가 저감된다는 부분이다. 이런 연결구조는 매우
높은 정밀도를 필요로 하는 용도에는 부적절하다.

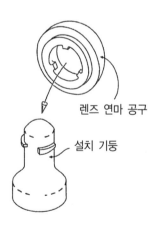

렌즈 연마 공구

설치 기둥

그림 6.1.7

렌즈 연마용 공구와 렌즈 설치용 기둥 사이의 연결도 구속과 고정력을 동시에 구현하는 탈착식 연결구조의 또 다른 사례이다. **그림** 6.1.7에서 실린더형 기둥의 끝은 반구형이며 3개의 램프형상이 실린더 표면에 돌출되어 있다. 연마용 공구는 (기둥의 반구표면과 접촉하는) 원추형 소켓을 갖추고 있으며, 내부에 (기둥의 램프형 돌기와 맞닿는) 3개의 돌기를 갖추고 있다. 조립 시에는 기둥의 원형 끝단이 소켓 속으로 삽입된다. 그런 다음 공구는 (기둥 축선에 대해) 시계 방향으로 회전하면서 3개의 램프(경사로)에 대해 3개의 돌기들이 조여진다.

그림 6.1.8

기둥 끝단의 볼과 소켓 사이의 접촉은 볼의 중심을 통과하는 3개의 구속을 형성한다. 각각의 램프들에서의 돌기들과의 접촉이 해당 램프 표면에 수직한 방향으로 추가적인 3개의 구속을 생성한다. 램프의 경사각은 마찰각보다 작기 때문에 이 연결은 마치 문을 고정하는 쐐기처럼 **자가 결속**(self-locking) 특성을 가지고 있다. 따라서 조임 토크를 가하지 않아도 고정력이 남아 있다. **그림** 6.1.8에서는 이 연결구조의 구속 패턴을 보여주고 있다. 여기서 주의할 점은 램프에 작용하는 3개의 C들은 서로 교차하지 않는다는 부분이다.

3개의 C쌍들을 사용한 강체 연결

지금부터 서로 교차하는 3개의 C 쌍들의 패턴을 활용하는 방안에 대해서 살펴보기로 하자. 앞 절에서는 탈착이 가능한 정밀 연결을 구현하기 위해서 접촉점을 사용하여 이 패턴을 구현한 사례를 살펴보았다. 이제부터 정밀한 강체 연결에 이 패턴을 활용한 또 다른 사례를 살펴보기로 하자.

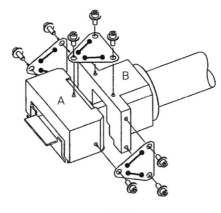

그림 6.1.9

그림 6.1.9에서는 박판 플래셔를 구속 장치로 사용하여 서로 교차하는 3개의 C 쌍들의 패턴을 구현한 사례를 보여주고 있다. 이 사례에서 서로 연결된 2개의 물체들은 각각 광학요소들을 장착하고 있다. 물체 A에 장착된 광학요소는 물체 B에 장착된 광학요소에 대해서 매우 정확하게 정렬해야만 한다. 이 정렬은 공정에 구비되어 있는 정확한 치구 위에서 조심스럽게 수행된다. 일단 정렬이 되고 나면, 나사를 조여서 플랙셔를 정위치에 고정한다. 플랙셔를 단단히 고정한 다음에는 조립체를 치구에서 분리해도 세밀하게 정렬된 요소들이 정위치를 유지한다.

이러한 연결을 **기계적인 접착**이라고 부르지만 실제로는 접착보다 더 우수하다. 이 연결은 재활용이 가능하고 수축되지 않으며 무한히 보관할 수 있을 뿐만 아니라 나사를 조이자마자 즉시 **굳어**버리는 특성을 가지고 있다.

우주왕복선과 NASA 747 왕복선 운반용 항공기 사이의 기계적인 연결에도 이와 동일한 서로 교차하는 3개의 C 쌍들을 사용한다. 각각의 C 쌍들은 **V** 형태로 배치된 한 쌍의 막대들로 이루어지는데, 각 날개마다 비행기의 전후 방향으로 **V**자로 한 쌍씩 배치되고 세 번째 쌍은 셔틀 전면에 횡 방향으로 설치된다. 이 C들의 패턴은 효과적으로 두 비행체 사이에 고강도, 저중량, 강체 연결을 구현해준다.

동일한 패턴의 C들을 사용해서 2개의 거대한 비행체를 연결하거나 실험용 계측 장비의 두 부품을 서브 마이크로미터의 정밀도로 연결할 수 있다는 것은 놀랄만한 일이다. 구속 패턴 해석의 유용성은 크기의 제한을 받지 않는다는 것이 명확하다.

6.2 5개의 C / 1개의 R

물체가 5개의 C들로 이루어진 패턴에 의해서 구속되어 있다면, 정확히 1 자유도가 남아 있게 된다. 이 자유도는 유일하게 정의된다. 5개의 C들 모두 와 서로 교차하는 직선은 공간 내에 단 하나뿐이며, 이것이 물체에 남아 있는 유일한 R이다.

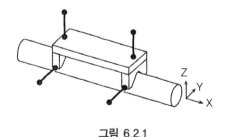

그림 6.2.1

로터와 이송체가 이 조건에 해당되며 이들은 기계에 5개의 구속요소로 연결되어 1개의 R만 남아 있다. 유일한 차이점은 이송체의 경우 R이 무한히 먼 곳에 위치한다는 점뿐이다.

그림 6.2.1에 도시된 것처럼 간격을 두고 설치된 2개의 V형 블록들과 원형 막대가 서로 맞닿아 있는 경우를 생각해보기로 하자. 이 물체는 봉의 축선 방향에 대한 회전 및 병진운동 자유도를 가지고 있음이 명확하다. 이 2 자유도 중 어느 하나를 구속하면 이송체나 로터를 만들 수 있다.

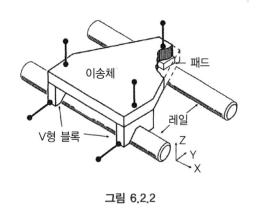

그림 6.2.2

두 번째 봉(레일)과 단일점 접촉 패드를 추가하면, 병진운동 이송 테이블 구조를 도출할 수 있다. 새로운 레일과 패드 사이의 구속은 2개의 자유도 중 하나를 없애서 X 방향으로의 병진운동 자유도만 남아 있게 된다.

반면에 **그림 6.2.3**에서와 같이 V형 블록들 중 하나를 볼-소켓 조인트로 대체하면 로터 구조를 구현할 수 있다. 음의 Z 방향으로 작용하는 로터의 자중을 필요한 고정력으로 사용할 수도 있다.

그림 6.2.3 구조의 안과 밖을 뒤집으면 실린더형 부품이 로터인 **그림 6.2.4**의 구조가 도출된다. 마찰의 영향을 저감하기 위해 접촉점을 바퀴들로 대체하였다. 하지만 바퀴들은 회전 오차로 인한 약간의 부정확성이 발생한다는 점에

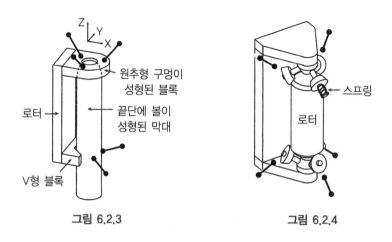

그림 6.2.3

그림 6.2.4

유의해야 한다. 바퀴의 문지름을 방지하기 위해서 원추형 바퀴들의 꼭지각은 항상 바퀴가 타고 구를 원추형 표면의 꼭지각과 일치해야만 한다. 이를 통해 모든 접촉점에서 바퀴의 속도는 표면의 속도와 일치한다.

휠들 중 5개는 정위치에 고정된다. 스프링 예하중을 받는 여섯 번째 휠은 스프링에 지지되어 5개의 구속용 바퀴들에 고정력을 부가해준다. 대칭성 덕분에 각각의 구속용 바퀴들에 가해지는 고정력은 (중력을 무시하면) 스프링 예하중을 받는 바퀴에 가해지는 힘과 같다.

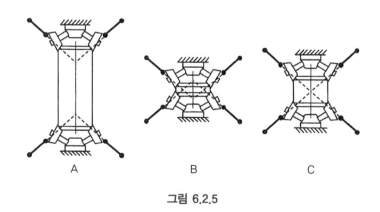

그림 6.2.5

그런데 이 구조를 활용하는 경우 주의가 필요하다. **그림 6.2.5A**(2차원 도면)에서는 길이가 긴 로터의 구속 패턴을 보여주고 있다. C들의 상부 및 하부 교차점을 연결하는 직선이 유일한 R로 정의된다. 하지만 **그림 6.2.5B**의 짧은 로터의 구속 패턴의 경우, 하부 C들의 교차점 위치가 상부 C들의 교차점보다 높은 곳에 위치한다. 이 경우에도 앞서와 동일한 방식으로 하나의 R이 정의되기 때문에 아무런 문제가 없다.

　　이제 **그림 6.2.5C**에서와 같이 애매하게 로터의 길이를 선정한 불행한 경우에 대해서 살펴보기로 하자. 이 경우 하부 C들의 교점이 상부 C들의 교점과 서로 일치한다. 당연히, 이로 인하여 이 점에서 과도 구속이 발생하는 반면에 3개의 회전 방향에 대해서 자유도를 갖게 된다. 이 사례는 각각의 C들이 제거하려고 하는 R들로부터 적절한 거리를 두고 위치하도록 연결의 구속 패턴이 배치되어 있는가를 항상 살펴봐야 한다는 것을 보여주고 있다.

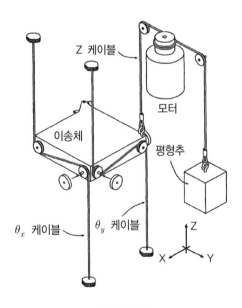

그림 6.2.6

그림 6.2.6에 도시되어 있는 이송체는 3 자유도를 갖는 3개의 케이블과 나머지 3 자유도를 갖는 3개의 바퀴들에 의해서 지지되어 있다. 이송체는 수직 방향 병진운동을 하도록 설계되어 있다.

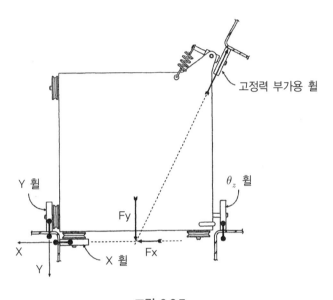

그림 6.2.7

이송체의 한쪽 모서리에 부착되어 모터에 의해서 구동되는 Z-케이블은 이송체의 Z 방향 위치결정을 위해서 사용된다. Z-케이블 반대쪽 끝에는 이송체와 동일한 무게의 평형추가 매달려 있어서 모터 토크를 가하지 않아도 이송체가 제자리에 머물러있게 된다.

다른 2개의 케이블들이 각각 이송의 θ_x 및 θ_y 회전을 구속시켜준다. 3개의 케이블들에 가해진 장력이 이송체 자중과 Z-케이블의 장력에 의해 부가된 모멘트를 상쇄시켜준다. 3개의 바퀴들이 이송체를 X, Y 및 θ_z 축선 방향으로 연결시켜준다. 스프링에 지지되어 있는 네 번째 바퀴는 3개의 모든 구속용 바퀴들에 동일한 하중을 가할 수 있는 위치에 배치된다.

외부 링

렌즈

그림 6.2.8

그림 6.2.8에서는 자동초점조절용 렌즈에 사용되는 1 자유도 연결구조를 보여주고 있다. 두 장의 평행한 박판 플랙셔들이 (평행하게) 렌즈 하우징에 직접 연결되어 있다. 각각의 박판은 내륜과 외륜 사이를 연결하는 단 3개의 다리들만 남아 있도록 가공한다. 내륜은 렌즈 하우징에 부착되며 외륜은 (도시되지 않은) 바닥 부위에 고정된다. 다리들 각각은 C로 정의된다. 따라서 6개의 C들 중 하나는 잉여성분이기는 하지만, 대칭적으로 배치되어 있고 특수한 조립용 치구를 사용하여 고정하므로 이 과도 구속에 의한 부정적인 영향은 발생하지 않는다. 이에 대한 대응 패턴은 무한히 먼 곳에 위치하는 하나의 R (두 플랙셔 박판들이 교차하는 선)이다. 이는 렌즈가 광축을 따라서 이동하는 하나의 병진 자유도와 등가이다.

그림 6.2.9에서는 그림 6.2.8과 정확히 동일한 구속 패턴을 구현하지만 완전히 다른 플랙셔 연결구조를 갖는 2가지 구조를 보여주고 있다. 이 구조에서 절곡된 6장의 박판 플랙셔들은 중앙부 물체와 고정된 외부 링 사이를 직접 연결하고 있으며, 각각의 절곡된 박판 플랙셔는 절곡선 방향으로 하나의 C를 부가한다(4.5절 참조). 절곡선들(C들)에 의해서 평행한 두 평면이 만들어진다. 대응 패턴의 법칙에 따르면 이 구속의 대응 패턴은 무한히 먼 곳에서 위치하는 하나의 R로서, 물체 중심의 Z 방향 병진 자유도에 해당한다.

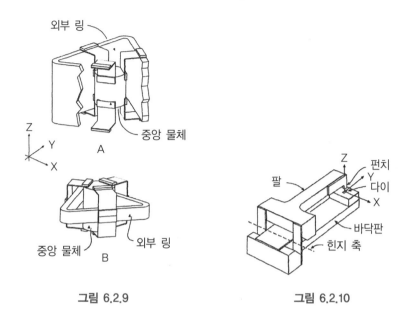

그림 6.2.9 그림 6.2.10

그림 6.2.10에서는 펀치와 다이 사이의 플렉셔 연결을 보여주고 있다. 펀치와 다이 사이에는 5 자유도의 정렬이 유지되고 있다. 설계상의 요구조건에 따르면, 펀치는 다이에 대해 Z 방향의 상대운동이 허용되는 반면에 다른 모든 자유도는 구속되어야 한다. 펀치와 다이 사이의 공칭 공극은 수 마이크로미터에 불과하지만 펀치가 결코 다이에 닿아서는 안 된다.

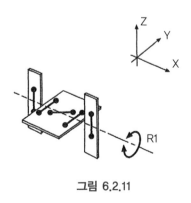

그림 6.2.11

펀치의 Z 방향 운동거리는 비교적 작기 때문에, 이 운동을 멀리 떨어진 축에 대한 미소회전 θ_x로 근사할 수 있다. 이 회전축은 수평 및 수직 방향 플랙셔들이 교차하는 곳에 위치한다. **그림 6.2.11**에서는 플랙셔 연결의 구속 패턴을 보여주고 있다. 여기서 유일하게 구속되지 않은 자유도는 R_1이다. 팔은 (미소각도에 대해서) 이 힌지 축을 중심으로 자유롭게 회전할 수 있다. 미소회전에 대해서 이 운동은 펀치의 Z 방향 운동과 같다.

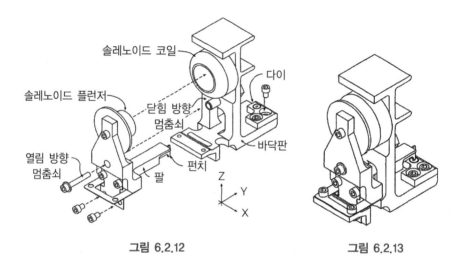

그림 6.2.12   **그림 6.2.13**

그림 6.2.12와 **그림 6.2.13**에서는 펀치의 실제 설계를 보여주고 있다. 여기에는 몇 가지 추가적인 특징들이 갖춰져 있다.

- 펀치를 구동하는 솔레노이드를 설치하기 위해서 팔과 베이스는 ㄴ자 형상을 하고 있다.
- (그림에는 도시되어 있지 않은) 코일 스프링이 팔을 **열림** 위치로 복귀시켜준다.

- **열림** 및 **닫힘** 위치는 나사를 사용하여 각각 독립적으로 조절할 수 있다. 멈춤의 완충을 위해서 우레탄 와셔가 사용되었다.
- X 방향으로 다이에 대한 펀치의 강성을 극대화시키기 위해서 Y 및 θ_z의 구속은 가능한 한 넓게 벌려놓아야 한다. 그런 이유 때문에 폭이 넓은 플랙셔는 수직 방향으로 배치된 반면에 바깥쪽 플랙셔는 수평 방향으로 배치되어 있다.
- 솔레노이드 플런저는 결코 솔레노이드 몸체와 접촉하지 않는다. 따라서 솔레노이드에는 마모가 발생하지 않는다.
- 다이를 바닥에 고정해주는 2개의 나사를 풀고 펀치와 다이 사이의 좁은 공구에 얇은 플라스틱 필름을 끼워 넣은 상태에서 위치를 조절한 다음에 2개의 나사들을 다시 조인다.

열팽창의 차이가 펀치-다이 정렬에 끼치는 영향은 본체와 분리된 다리에 솔레노이드를 설치하여 피할 수 있다.

6.3 4개의 C / 2개의 R

4개의 C들이 이루는 패턴 : 2개의 서로 교차하는 구속쌍

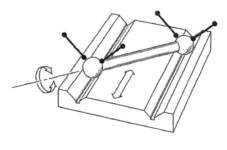

그림 6.3.1

만일 물체가 4개의 C들이 이루는 패턴에 의해서 구속된다면, 2개의 교차하는 구속쌍들에 의해 물체에는 2개의 R들이 생긴다. 이 R들을 나타내는 두 직선은 쉽게 찾을 수 있다.

- R들 중 하나는 구속이 이루는 두 교차점을 잇는 직선이다.
- 또 다른 R은 첫 번째 구속쌍이 이루는 평면이 두 번째 구속쌍이 이루는 평면과 교차하여 만들어지는 교차선이다.

이에 대해서는 아령형 부품과 V형홈이 성형된 바닥체 사이의 연결을 통해서 설명해본다.

예를 들어 **그림 6.3.1**의 경우 2개의 V형홈의 축선은 서로 평행하다. 첫 번째 R은 2개의 서로 교차하는 구속쌍을 잇는 직선이다. 두 번째 R은 서로 교차하는 구속쌍들이 이루는 2개의 평행면이 서로 교차하는 무한히 먼 곳에 위치하며 이로 인하여 순수한 병진운동이 구현된다.

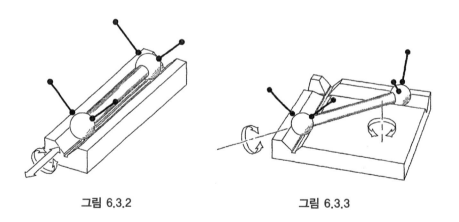

그림 6.3.2   그림 6.3.3

그림 6.3.2에서 2개의 V형홈은 일직선상에 위치한다. 따라서 2개의 자유도가 동일한 축선 상에 존재한다.

그림 6.3.3에서는 2개의 V형홈들이 교차한다. 이때 2개의 구속쌍들이 이루는 평면은 유한한 위치에서 서로 교차한다. 이 교차점들이 물체에 존재하는 2개의 R들을 정의한다.

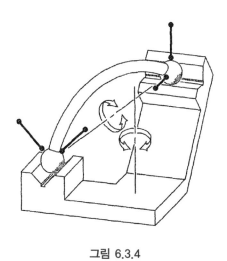

그림 6.3.4

그림 6.3.4에서는 두 홈들이 서로 기울어져 있으며 아령형상의 부품도 굽어져 있다. 부품들의 형상이 비틀리거나 뒤틀려도 상관없이 구속 패턴을 이해하고 위의 법칙을 활용하면 2개의 R들을 손쉽게 찾아낼 수 있다.

4개의 C들이 이루는 패턴 : 동일 평면 내 3개와 밖의 1개

만일 4개의 C들이 이루는 패턴들 중에서, 3개는 동일 평면상에 위치하고 4번째 C는 이 평면과 교차한다면, 이에 대한 대응 패턴인 R은 이 평면상에 위치하는 반경선 디스크들 중에서 임의의 두 직선이 된다. 반경선 디스크의

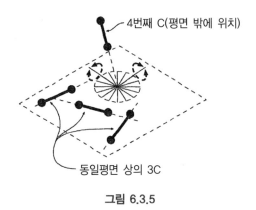

4번째 C(평면 밖에 위치)

동일평면 상의 3C

그림 6.3.5

중심 위치는 평면상에 위치하지 않은 C가 평면과 교차하는 교점이 된다.

이러한 구속 패턴은 이미 **그림 3.4.1**에서 접한 바 있는데, 거기서는 3개의 C들이 물체의 상단 평면상에 놓여 있었고, 네 번째 C는 이 평면과 물체의 한쪽 모서리에서 서로 교차하였다. 그 예에서 물체에는 2개의 R들이 남아 있었다. 이들 두 R들은 C_1, C_2 및 C_3가 이루는 평면에 놓여 있고 C_4과의 교점을 중심으로 하는 반경선 디스크의 임의의 두 직선으로 이루어진다. 물체상의 두 R들은 유일하게 정의되지는 않는다. 반경선 디스크의 임의의 두 직선들은 4개의 C들 각각과 모두 서로 교차한다.

2개의 R들이 이루는 선직면(Ruled Surface)

4개의 C들이 이루는 패턴에 의해서 물체가 구속될 때 마다 물체는 2 자유도를 갖게 된다. 4개의 C들이 이루는 패턴은 2개의 R들로 이루어진 대응 패턴을 만들어낸다. 이들 두 R들은 무한한 수의 직선들을 포함하는 **선직면**을 이루고, 이들 중 임의의 두 직선을 선정하여 물체의 2 자유도를 나타낼 수 있다.

만일 이 2개의 R들이 서로 교차하면, 선직면은 이들 두 R들을 포함하는 반경선 디스크를 형성한다(3.4절 참조). 이 디스크에서 두 직선 사이의 각도가

0°(또는 180°)에 접근하지 않는 임의의 두 직선을 사용하면 물체의 두 R들을 나타낼 수 있다.

만약 이 R들이 평행하다면, 이 면을 정의하는 2개의 R들을 포함하는 평행한 직선들로 이루어진 선직면은 평면이 된다(3.5절 참조). 이 평면상에서 (물체의 치수에 비해서) 서로 너무 가깝지 않은 2개의 직선으로 물체의 두 R들을 대신하여 나타낼 수 있다.

만약 두 R들이 꼬인 위치(평행하지도, 교차하지도 않음)에 있다면, 선직면은 이들 두 R을 포함하며 이들 두 R과 서로 직교하는 타원면(3.10절 참조)을 형성한다. 이 타원면 상의 모든 직선들은 특정한 피치를 가지고 있는 헬리컬 자유도를 나타낸다. 물체의 2 자유도는 (평면이나 디스크의 사례에서와 마찬가지로) 두 직선 사이의 거리가 너무 가깝게 선정되어 있지 않는다면, 이 표면상의 임의의 두 직선으로 나타낼 수 있다.

5개의 C들이 이루는 패턴에 의해서 물체가 구속되면 하나의 R만이 존재하며 이 R의 위치는 유일하게 정의된다. 잉여성분이 없는 5개의 구속직선들 모두와 서로 교차하는 직선은 결코 하나 이상 존재할 수 없다.

물체가 4개의 C들이 이루는 패턴에 의해서 구속된다면 이 물체에는 2 자유도가 존재하지만, 이 2 자유도가 공간 내에서 유일하게 위치하지는 않는다. 이들은 무한한 숫자의 직선들로 이루어진 선직면 상에 위치한다. 물체의 2 자유도는 이 표면을 이루는 2개의 직선으로 구성된다.

설계 단계로의 접근

만약 2 자유도를 갖는 연결 장치를 설계한다고 생각해보자. 이 문제를 서로 다른 몇 가지 방법으로 접근할 수 있다.

1. 필요한 2개의 R인 R_1과 R_2의 위치를 아는 경우, 단순히 2개의 힌지들이 순차적으로 연결된 구조를 설계한다.

   a. 만약 이들 두 R들이 서로 교차한다면, R_1과 R_2에 의해서 정의되는 반경선 디스크 내에서 최적의 두 반경선을 따라서 힌지를 위치시키는 가능성을 살펴본다.

2. 필요한 2개의 R들의 위치를 아는 경우 4개의 C들로 이루어진 대응 패턴을 찾아낸 다음, 이 패턴을 구현하는 직접 연결을 설계한다.

   a. 만약 R들이 서로 교차한다면, 이에 의해 정의되는 대응 패턴은 동일 평면상에 위치하는 3개의 C들과 두 R들의 교차점에서 이 평면을 관통하는 하나의 C로 이루어진다.

   b. 만약 R들이 서로 교차하지 않는다면, 이에 의해 정의되는 대응 패턴은 2개의 서로 교차하는 C들의 쌍으로 이루어진다.

   c. R 및 C들의 법칙을 사용하여 C들의 패턴을 다시 배치할 수 있다.

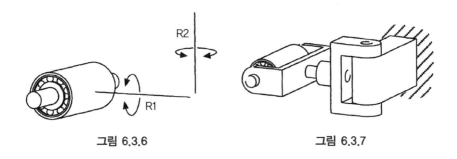

그림 6.3.6   그림 6.3.7

낯익은 사례를 통해서 이러한 해결 과정을 살펴보기로 하자. 만약, **그림 6.3.6**에 도시된 것처럼, 롤러가 R_1 및 R_2축에 대한 미소 이탈에 대해서 자유롭게 회전할 수 있도록 롤러를 설치해야 된다고 하자.

가장 단순하고 가장 명확한 해결책은 **그림 6.3.7**에서와 같이 2개의 힌지들의 순차 연결된 구조로 설계하는 것이다. 이 해결책에 도달하기 위해서는 설계자가 구속 패턴 해석기법을 알아야 할 필요가 없다. 이는 경로 1의 해결책에 해당된다.

그런데 만일 힌지 하드웨어를 **그림 6.3.7**의 위치에 설치할 수 없으며, 그 대신 그 위에 설치해야만 한다고 생각해보자. R_1과 R_2에 의해서 정의되는 반경선들 모두가 동등하다는 것을 알기 때문에 **그림 6.3.8**의 기구를 사용해서도 R_1과 R_2를 구현할 수 있다는 것을 깨닫게 된다. 이는 경로 1a에 해당된다.

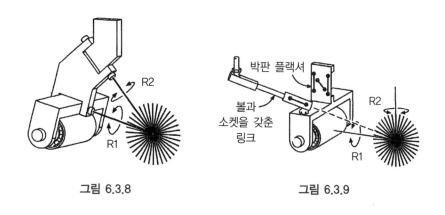

그림 6.3.8   그림 6.3.9

이제 4개의 C들로 이루어진 대응 패턴을 사용하여 장치를 직접 연결하는 구조에 대해서 살펴보자. 경로 2a의 해결책에 따르면 **그림 6.3.9**의 구조가 만들어진다. 박판 플랙셔는 R_1과 R_2가 이루는 평면상에 놓이며, 단일 평면에 놓인 3개의 C들을 포함하고 있다. 양단에 볼-소켓 기구를 장착한 링크에 의해서 만들어진 네 번째 C는 플랙셔가 놓인 평면의 R_1과 R_2가 교차하는 점을 관통한다.

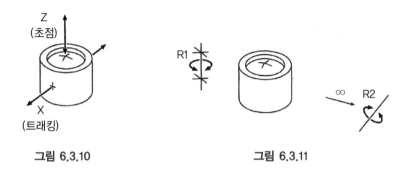

그림 6.3.10   그림 6.3.11

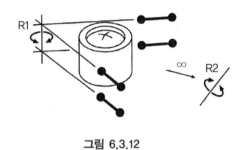

그림 6.3.12

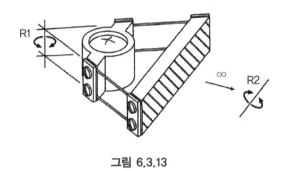

그림 6.3.13

또 다른 사례를 통해서 경로 2b의 해결책을 살펴보기로 하자. **그림 6.3.10**은 콤팩트디스크 플레이어의 사례로 Z(초점) 및 X(트래킹)의 2 자유도 렌즈 운동이 가능해야만 한다.

X 자유도를 유격을 가지고 설치된 회전 자유도 R_1으로 근사시킬 수 있다.

Z 방향 자유도는 무한히 먼 곳에 위치한 R_2로 나타낼 수 있다.

그림 6.3.12에 도시되어 있는 4개의 구속 패턴들은 2개의 R들이 이루는 패턴에 대한 대응 패턴이다. C들은 2개의 서로 교차하는 구속쌍을 형성한다. R_2는 각 구속쌍들이 이루는 평면들이 서로 교차하는 직선이다.

그림 6.3.13에서는 **그림 6.3.12**에서 제시된 4개의 C패턴을 구현하기 위해서 4개의 와이어 플랙셔를 사용하고 있다.

6.4 3개의 C / 3개의 R

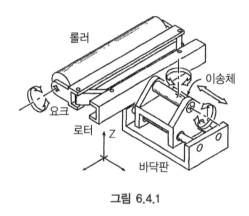

그림 6.4.1

그림 6.4.1에서는 캐스터(선회기구)와 짐벌(평형조절기구)이 설치된 장력조절용 롤러 장치를 보여주고 있다. 그 이름이 의미하듯이 이 장치는 3 자유도를 가지고 있다. (1) 캐스터(R_2), (2) 짐벌(R_3), (3) 장력(R_1) (실제로는 제 4의 자유도인 **롤**(roll)이 필요하지만 여기서는 생략한다.) 이들 3 자유도는 바닥에서 이송체(X), 이송체에서 로터(θ_x) 그리고 로터에서 요크(θ_z)로의 순차 연결로 이루어진다.

요크의 3 자유도를 구현하기 위해서 상당히 복잡한 하드웨어가 사용되고 있다. 이토록 복잡한 하드웨어를 이와 동일한 3 자유도를 갖는 직접 연결구조로 대체하여 단순화시킬 수는 없을까?

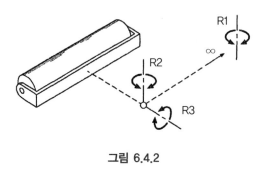

그림 6.4.2

필요한 3개의 R들은 **그림 6.4.2**에서 요크에 대해서 표시되어 있다. 직접 연결은 필요한 3개의 R들에 대응하는 3개의 C들로 이루어져 있다.

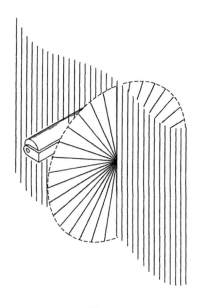

그림 6.4.3

대응 패턴은 **그림 6.4.3**에 도시되어 있는 2개의 선직면들로부터 3개의 잉여 성분이 없는 직선을 선정하여 구할 수 있다. 표면들 중 하나는 R_2와 R_3의 교점을 통과하며 R_1에 평행한 수직선들로 이루어진다. 두 번째 표면은 반경선들로 이루어진 수직 디스크로서, 그 중심은 R_2와 R_3의 교점에 위치하며 R_1과 R_2를 포함한다.

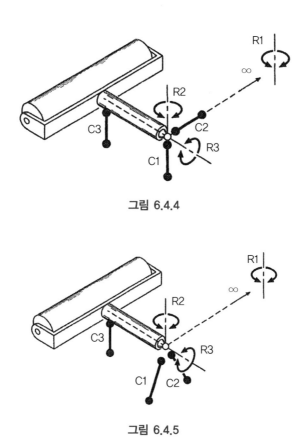

그림 6.4.4

그림 6.4.5

한쪽 표면에서 구속직선(C) 2개를 선택하고 다른 쪽 표면에서는 구속직선 1개를 선택한다. (요크에 연결되는) 두 표면 모두에서 C들을 이용하기 위해서는 요크에 **그림 6.4.4**에서와 같이 일종의 막대를 추가해야만 한다. 여기서,

C_1은 두 표면이 서로 교차하는 방향으로 배치된다. C_2는 반경선들 중 하나이며 C_3는 평행선들 중 하나이다. 그런데 **그림 6.4.1**에서와 동일하게 바닥과의 상대위치를 유지하도록 바닥과의 연결을 만들고 싶다고 가정한다면 **그림 6.4.5**에서와 같이 C들의 위치를 변경하여 선정할 수 있다. 여기서, C_1 및 C_2는 반경선들 중에서 선정하며, C_3는 평행선들 중에서 선정한 것이다. 이로 인해 만들어진 자유도는 당연히 동일하다.

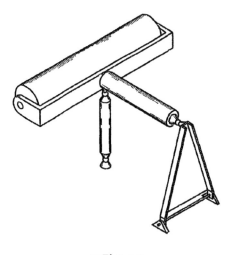

그림 6.4.6

이 구속 패턴을 구현한 하드웨어가 **그림 6.4.6**에 도시되어 있다. 이 기구는 **그림 6.4.1**에 도시된 것보다 훨씬 단순하고 저렴하지만, 요크에 대해서 정확히 동일한 자유도를 가지고 있어서 동일한 운동이 구현된다.

> 자유도의 수가 많아질수록 순차 연결 대신에 직접 연결을 사용하면 설계를 (단순하게) 개선할 가능성이 더 커진다.

이제 **그림 6.4.3**으로 되돌아가보자. 여기에는 무한한 숫자의 직선들로 이루어진 2개의 표면들이 존재하며 이들로부터 3개의 C들을 선정한다.

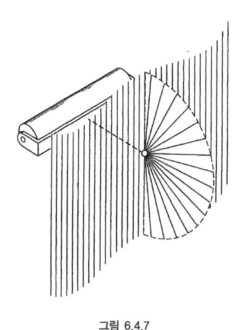

그림 6.4.7

구속직선들을 선정할 시에는 편리성이 기준이 된다. 우리는 요크와 바닥 사이를 연결하는 직선들을 선정해야 한다. 그런데 이 문제를 반대로 수행해보기로 하자. 만일 3개의 C들에서 출발하여 R들로 이루어진 대응 패턴을 찾아보면 이미 알고 있는 R들(즉, R_1, R_2 및 R_3)이 유일한 답이 아니라는 것을 알 수 있다. 이들은 **그림 6.4.7**에 도시되어 있는 두 선직면들 중에 잉여성분이 없는 3개의 직선들일 뿐이다.

이제 속성들을 정리해보기로 하자. 5개의 C들과 1개의 R을 가지고 있는 경우, 이 R들의 위치는 유일하게 정의된다. 4개의 C들과 2개의 R들을 가지고 있는 경우, 이들 두 R들은 유일하게 정의되지 않지만, 선직면 상에 위치하는 무한한 수의 직선들 중에서 선정할 수 있다. 3개의 C들과 3개의 R들을 가지고 있는 경우, 이 3개의 R들은 두 선직면에 속하는 직선들로 제한된다. 더욱이 두 선직면을 이루는 직선들 중에서 3개의 C들로 이루어진 대응 패턴도 찾아낼 수 있다. C들이 속해 있는 두 선직면은 R들이 속해 있는 두 선직면에 대한 대응 패턴이다. **그림 6.4.3**과 **그림 6.4.7**에 대한 세밀한 비교를 통해서 한쪽의 표면 구성이 다른 쪽 표면 구성에 대한 대응 패턴이라는 의미를 이해할 수 있을 것이다. 한쪽을 구성하는 선직면 상의 모든 직선은 다른 쪽을 구성하는 두 선직면과 교차한다.

3개의 C/3개의 R의 조건은 대칭적이다. 우리는 여기서 대칭성에 대한 하나의 사례를 보았을 뿐이다. **그림 6.4.3**에 도시된 디스크와 평면은 **그림 6.4.7**에 도시된 평면과 디스크의 대응 패턴이다.

> 잉여성분 없이 동일 평면상에 놓인 3개의 직선이 이루는 패턴은 이와 동일한 평면상에 놓여 있으면서 잉여성분이 없는 임의의 3개의 직선들로 이루어진 대응 패턴을 만들어낸다.

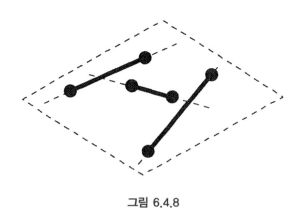

그림 6.4.8

이제 3개의 C들이 볼의 중심에서 서로 교차하는 구속 패턴을 만들어내는 볼-소켓 조인트를 다시 살펴보자. 3개의 R들로 이루어진 대응 패턴 역시 볼의 중심에서 서로 교차한다.

> 잉여성분이 없는 3개의 직선들이 한 점에서 교차하는 패턴은 잉여성분이 없고 그 점을 교차하는 임의의 3개의 직선들로 이루어진 대응 패턴을 만들어낸다.

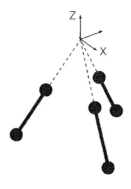

그림 6.4.9

이번에는 교차점에서 무한히 먼 곳에 위치하는 경우에 대해서 살펴보기로 하자. 이 경우, 3개의 직선들은 서로 평행하다.

> 잉여성분이 없는 3개의 평행한 직선들이 이루는 패턴은 3개의 시작선들과 평행한 잉여성분이 없는 임의의 3개의 직선들로 이루어진 대응 패턴을 만들어낸다.

이는 1장에서 다루었던 2차원의 상황과 정확히 일치한다. 2D를 구현하기 위해서는 묵시적으로 애초부터 3개의 평행한 Z 방향 구속이 적용되어야 한

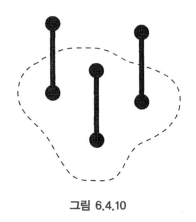

그림 6.4.10

다. 따라서 구속되지 않은 2D 모델은 Z축과 평행한 직선들의 **묶음** 중에서 선정된 3개의 R들을 포함하고 있다. 이 2D 모델에 첫 번째 구속을 부가하면, C와 서로 교차하는 연직면 상의 평행한 직선들 둘에서 선정된 2개의 R들에 대한 2 자유도만이 남게 된다. 여기에 두 번째 C가 부가되면 하나의 R을 제외한 모든 자유도들이 구속된다. 이 하나뿐인 R은 두 C들이 교차하는 곳에 위치한다. (그리고 2D로 문제를 정의하기 위해서 암묵적으로 적용한 Z 방향으로 배치된 3개의 C들과 평행하다.)

물체 A

그림 6.4.11

이 주제를 끝마치기 전에 3개의 *C*/3개의 *R*로 이루어진 대칭구조들 중에서 3개의 *C*들이 서로 엇갈리며 교차하지 않는 구조에 대해 살펴볼 필요가 있다. **그림 6.4.11**에서와 같이 6면체가 서로 엇갈리게 배치된 3개의 *C*들에 의해서 구속되어 있다면, 이들은 서로 교차하지 않는다.

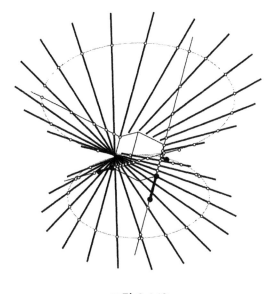

그림 6.4.12

이렇게 배치된 *C*들 모두와 공간상에서 서로 교차하는 *C*들을 서로 찾아내면, **그림 6.4.12**에 도시된 직선들이 얻어진다. 이 직선들에 의해서 **쌍곡면**(hyperboloid)이라고 부르는 선직면이 만들어진다. 실제로는 이 쌍곡면은 두 세트의 면을 가지고 있다. 한쪽 표면은 좌측의 세트로서 우리가 발견할 수 있는 모든 직선들이 여기에 포함된다. 다른 쪽 표면은 우측 세트로서 동일한 쌍곡면 상에 놓여 있다. 우측면의 모든 직선들은 좌측면의 모든 직선들과 서로 교차한다.

이 사례에서 사용되고 있는 3개의 C들은 우측 세트의 구성요소들이다. 좌측 세트에서 선정되는 임의의 3개의 직선들이 이 물체에 존재하는 3개의 R들을 나타낼 수 있다고 간주할 수 있다. 물체에 적용되는 3개의 C들은 우측 세트의 임의의 3개의 직선으로 나타내어도 등가의 구속조건을 구현할 수 있다. 그에 따른 R들의 패턴에도 동일한 원리가 적용된다. (물론 일반적으로 잉여 구속을 피하기 위해서 이 3개의 직선들은 세심하게 선정해야 한다.)

6.5 상호적 패턴(reciprocal pattern)

4개, 5개 및 6개의 R들과 그에 상응하는 C들의 대응 패턴에 대해서는 살펴볼 필요가 없다. 4개의 R/2개의 C에 대한 구속 패턴 해석기법은 4개의 C들로 이루어진 패턴에 대해서 2개의 R들로 이루어진 대응 패턴을 구하는 과정과 동일하다. 예를 들어 6.3절에서 4개의 C들로 이루어진 다양한 패턴들로부터 2개의 R들로 이루어진 대응 패턴을 찾는 과정을 살펴보았다.

그러므로 4개의 R들로 만들 수 있는 가능한 모든 패턴들과 그에 상응하는 2개의 C들로 이루어진 대응 패턴을 소모적으로 설명할 필요가 없다. 단지 필요한 것은 구속 패턴 해석기법에 익숙해져서 4개의 직선들로 이루어진 패턴을 접하게 되면 곧장 그에 상응하는 2개의 직선들로 이루어진 대응 패턴을 찾아낼 수 있어야 한다. 이제는 R과 C들 사이에 일반적으로 존재하는 대칭과 숫자 3 근처에 존재하는 대칭성에 대해서 강한 직감을 얻었기를 바란다. 예를 들어 잉여성분이 없는 3개의 직선들을 가지고 있다면, 이 3개의 직선들에 대한 대응 패턴은 R에서 출발하여 C를 찾든, C에서 출발하여 R을 찾든지에 상관없이 찾아낼 수 있다.

이제 우리는 2개의 C/4개의 R 패턴에도 동일한 논리가 적용된다는 것을 알았다. 잉여성분이 없는 4개의 직선에서 출발한다면 R들로부터 C를 찾든, C들로부터 R을 찾든지에 상관없이 2개의 직선으로 이루어진 대응 패턴을 찾아낼 수 있다. 다시 말해서, 4개의 C들로 이루어진 패턴에서 2개의 R들로 이루어진 대응 패턴을 찾아낼 수 있다면 4개의 R들로부터 그에 상응하는 2개의 C를 이미 찾을 수 있다.

[단원 요약]

이 단원에서는 **구속 패턴 해석기법**을 다양하고 익숙한 하드웨어 구조에 적용한 사례들을 설명하기 위해서 많은 사례를 살펴보았다. 이 단원에서는 사용된 C들의 숫자에 따라서 기계적 연결구조를 살펴보고 있지만, 연결구조의 조합들을 전부 다룬 것은 아니다. 하지만 재미있는 개념을 제시하고 있다. 예를 들어 6개의 구속(0 자유도)에 대한 절에서는 다양한 탈착식 정밀 마운트에 대해서 살펴보았다. 이들은 분해가 쉽고 재조립 시 위치 정밀도와 반복도가 높은 연결구조이다. 이런 연결구조들은 세정을 위해 주기적으로 분리했다가 다시 높은 위치 반복성을 가지고 설치할 필요가 있는 정밀광학기구에서 아주 유용하다. 5개의 구속(1 자유도)을 갖는 연결구조에 대한 절에서는 로터의 구속 패턴 구조에 대한 몇 가지 중요한 세부사항들이 논의되었다. 4개의 구속(2 자유도) 절에서는 주어진 4개의 직선들로 이루어진 시작 패턴으로부터 2개의 직선으로 이루어진 대응 패턴을 찾아내기 위해 사용할 수 있는 유용한 기법들을 설명하고 있다. 또한 하드웨어 사례를 통해서 설계 통합을 위한 체계적인 방법을 설명하고 있다. 마지막으로 3개의 구속(3 자유도) 절에서는 3개의 직선으로 이루어진 대응 패턴의 개념이 요약되어 있으며, 대응 표면의 개념이 소개되어 있다.

Chapter 07

구조물

EXACT
CONSTRAINT

MACHINE DESIGN USING
KINEMATIC PRINCIPLES

Chapter
07 구조물

정확한 구속 : 기구학적 원리를 이용한 기계설계

대부분의 설계 엔지니어들은 구조물을 메커니즘과 다른 범주에 속하는 것으로 생각하는 데 익숙하다. 결국 모든 메커니즘은 이동부를 갖는 반면에 구조물은 움직이지 않기 때문이다.

그런데 이 단원에서는 구조물을 메커니즘과 아무런 차이가 없는 것처럼 취급한다. 확실히 구속을 통해서 메커니즘의 자유도가 없게 만들 수는 있다. 이렇게 하면 그것이 구조물이 될까? 또한 구조물의 설계를 하나 이상의 원치 않는 자유도가 남아 있도록 망치기가 너무나 쉽다는 사실을 알게 될 것이다. 이것이 메커니즘이 될 수 있을까?

7.1 서언

이스트만 코닥사의 맥러드(Dr. John McLeod)가 1960년대에 저술한 비공식 논문인 **강하고 경량인 구조물**에서는 독자들에게 **좋은 삼각대는 몇 개의 다리가 필요한가**를 묻고 있다. 이렇게 간단해 보이는 질문에 대한 올바른 해답을 찾기 위해서는 기구학적 설계의 가장 기본적인 원리와 혹자는 상식 또는 그저 좋은 기계설계연습이라고 생각할 수도 있는 개념들을 이해할 필요가 있다. 하지만 맥러드(Dr. Mcleod)에 따르면, 대부분의 기계 설계자들과 엔지니어들은 올바른 답을 제시하지 못하였다. 사실, 심지어는 정밀기계설계를 주제로 책을 저술한 사람들조차도 틀린 답을 내놓는다.

명백하게, 삼각대의 용도는 장비(계측기나 카메라)를 설치할 견고한 플랫폼을 만들어주는 것이다. 이를 위해서 장비용 플랫폼을 6 자유도 운동에 대해서 구속해야만 한다는 것을 알 수 있다. 이런 구속은 **그림 7.1.1**에서와 같은 패턴으로 배열되어야만 한다. 이 구속 패턴은 **그림 6.1.3B** 및 **그림 6.1.4**에서 소개된 탈착식 연결 기구에 사용되었던 구속 패턴과 유사하다. 이 구속 패턴은 플랫폼의 6 자유도 모두가 정확히 구속된 플랫폼의 강체구속을 구현해준다.

그림 7.1.1

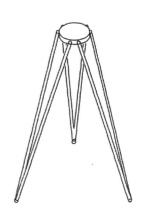

그림 7.1.2

그다음, 각 구속들은 **등가막대** 또는 다리들로 대체할 수 있다(이 다리들은 **그림 7.1.1**의 구속심벌보다 더 길기 때문에 바닥에서 서로 맞닿아 쌍을 이룬다). **그림 7.1.2**의 구조에 도달하기 위해서 등가의 다리들을 사용해서 **그림 7.1.1**의 각 구속들을 대체함으로써 우리는 얇고 긴 다리들이 2진수적 구속 성질을 이해할 수 있다. 와이어 플랙셔처럼, 얇고 긴 다리나 막대는 굽힘 강성에 비해서 높은 축 방향 강성을 가지고 있다. 장비용 플랫폼에 최적의 강성을 부여하기 위해서는 다리의 양단에 볼 조인트가 연결되어 있는 것처럼 설계해야만 한다. 실제로는 다리의 양단에 볼 조인트가 부착되지 않았기 때문에, 단순히 구조물의 강성을 더 보강하는 역할을 수행할 뿐이다. 이 구조는 다리의 지배적인 축 방향 강성과 더불어 약간의 굽힘 강성이 추가된다.

이제 삼각대에 적합한 다리의 숫자는 6이라는 것이 명확해졌다. 하지만 이를 삼각대라고 부르는 이유는 발이 3개이기 때문이다. 다리들은 발 위치에서 서로 쌍을 이루도록 배치된다. 불행히도, 오랜 세월에 걸쳐서 삼각대의 정의가 발이 3개인 구조물뿐만 아니라 다리가 3개인 구조물도 포함하도록 확장되어버렸다. 다리와 발의 구분도 이제는 모호해졌다. 따라서 **삼각대**라는 용어조차도 애매하다. 하지만 구조물을 설계할 때에 우리가 혼란스러워할 필요는 전혀 없다.

길고 얇은 다리는 (축 방향으로) 단 하나의 구속만을 이룰 수 있다. **발**이라는 용어는 다리의 끝을 의미한다. 장비용 삼각대의 사례에서 볼 수 있듯이 하나 이상의 다리들이 하나의 발을 공유할 수 있다.

실제로 일부 저가형 삼각대의 경우에는 다리가 6개 대신에 단 3개뿐인 경우가 있다. 이들은 얹어놓은 장비의 회전 자유도 3개를 다리의 굽힘 강성에 의존한다. 하지만 성능의 측면에서 볼 때에 장비의 회전 자유도가 병진 자유도보다 훨씬 더 중요한 경우가 많기 때문에 이렇게 다리가 3개뿐인 삼각대는 다리가 6개인 삼각대에 비해서 매우 성능이 떨어질 것으로 예상할 수 있다.

두 강체 사이를 연결하기 위해서 6개의 다리를 사용하는 연결구조는 다른 수많은 사례를 가지고 있기 때문에, 삼각대에서 배운 교훈은 매우 유용하다. 예를 들어 우주 왕복선을 발사할 때 거대한 액체 연료 탱크와 연결하거나 운반을 위해서 특수하게 개조된 보잉 747의 등에 얹을 때에도 이와 유사한 6개의 다리를 사용하는 연결이 활용된다. 이런 연결에서는 경량에 고강도 및 고강성을 구현하는 것이 매우 중요하다. 이런 유형의 연결이 사용되는 또 다른 사례는 항공기와 로켓의 엔진 마운트이다. 이런 용도에서는 막대 양단의 볼 조인트가 단지 개념에 그치지 않고, 가열 과정에서 발생하는 엔진의 형상치수 변화가 굽힘 응력을 유발하지 않도록 실제로 사용된다. 막대 양단에 설치된 조인트들은 엔진의 온도 변화에 따라서 실제로 약간의 회전을 일으킨다. 이런 경우에 과도 구속은 절대로 허용되지 않는다. 절대로 삼각대의 축 방향 강성을 증가시키기 위해서 막대의 굽힘 강성을 사용하려고 시도해서는 안 된다.

정밀한 장비를 설치하기 위해서 구조물을 설계할 때에도 이와 유사한 주의가 필요하다. 만약 이 장비와 **외부 세계** 사이의 연결이 과도 구속되어 있다면, 외부 세계의 어떠한 뒤틀림도 이 장비에 원치 않는 응력과 변형을 유발한다.

우리는 일반적으로 구조물을 물체들 사이에 존재하는 6 자유도를 강체로 연결하기 위해서 사용하는 (판이나 막대와 같은) 고정된 기계부재라고 생각한다. 하지만 이 판이나 막대는 구조물을 이루는 구속요소이다.

막대구조물을 구성하는 막대들도 축 방향 직선 부하의 지지에는 극도로 강하지만 굽힘 부하에 대해서는 유연한 특성들 가지고 있는 와이어 플랙셔와 동일한 방식으로 다루어야 한다. 박판과 주조한 판재, 주물구조 등은 박판 플랙셔처럼 판재의 평면 방향을 향하지 않는 부하는 지지하지 못하지만 평면 내의 부하에 대해서는 매우 강하게 버틸 수 있다.

플랙셔의 경우를 생각해보면, 박판 및 와이어의 굽힘 대 인장 강성의 비율은 너무나 큰 차이를 가지고 있기 때문에 굽힘 강성을 무시하기가 그리 어렵지 않다. 굽힘 강성이 없는 부재를 이상화하기 위해서 볼 조인트를 사용한다. 개념적으로는 와이어 플랙셔를 양단에 볼 조인트가 설치된 막대로 대체할 수 있다. 각각의 막대들은 하나의 축을 구속할 수 있다. 마찬가지로, 박판 플랙셔를 **등가**의 막대들로 이상화시킬 수 있다. 우리는 여기서 양단에 볼-소켓이 설치된 3개의 막대들로 이루어진 등가막대구조를 찾아낼 수 있다.

하지만 구조물 내에서는 두께 대 길이 비가 이런 플랙셔들보다는 더 큰 (막대나 판) 부재들이 일반적으로 사용된다. 그렇기 때문에 이런 부재들은 플랙셔와는 달리 굽힘 강성을 얼마간 가지고 있다. 그럼에도 불구하고 이런 막대나 판재에서도 인장 방향 강성이 항상 굽힘 강성보다 훨씬 더 크다. 그러므로 다음과 같은 결론을 내릴 수 있다.

> 최적의 강성을 갖는 구조물을 설계할 때에는 (막대나 판재 등의) 모든 부재들을 굽힘이 아닌 인장 및 압축 방향으로 사용하는 것이 중요하다.

그러므로 개념적인 도구로서 구조물 내의 소재들이 양단에 볼 조인트가 연결된 등가막대들로 구성되었다고 상상하는 것이 여전히 도움이 된다. 이것이 바로 플랙셔를 설계 및 해석하는 데 사용하는 기법이며, 구조물에도 마찬가지로 적용된다. 구조물은 플랙셔형 부재들로 이루어져 있다고 생각해야 한다.

아이러니하게도 (그리고 불행하게도) 대부분의 설계자들은 구조물 설계를 (구조물은 움직이지 않기 때문에) 평범한 일로 생각하는 반면에 플랙셔 메커니즘은 극도의 정밀도가 요구되는 하이테크 분야에 사용되는 정교한 기구로 생각한다. 하지만 구조물 설계를 위해서는 플랙셔에서와 동일한 구속 패턴 해석이 필요하다. 구조물과 플랙셔 메커니즘은 서로 유사한 범주에 속한다. 구조물 설계의 기본 원리는 플랙셔 설계와 정확히 일치하기 때문에, 플랙셔의 설계 원리를 잘 이해한 다음에 구조물 설계 공부를 시작하는 것이 합당하다.

7.2 강체(rigid)형상 대 유연(flexible)형상

그림 7.2.1에서와 같이 부하 P를 지지하는 단순 빔을 살펴보기로 하자. 이 빔은 하중 P에 의해서 휘면서 중앙부에서 δ만큼의 변형이 발생한다.

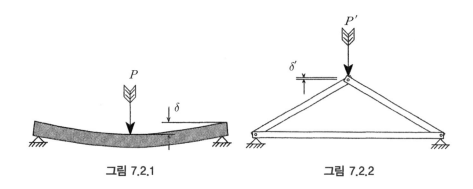

그림 7.2.1   그림 7.2.2

이제 이 빔과 동일한 양의 소재를 사용하여 **그림 7.2.2**에서와 같은 삼각형 형태로 구조물을 재구성했다고 생각해보자. 이 삼각형 트러스에 하중 P'가 작용하여도 중앙부 처짐 δ'은 앞의 경우보다 훨씬 작다. 이는 빔의 경우 작용력 P가 막대에 굽힘 방향으로 작용하는 반면에 트러스에서는 작용력이 막대를 인장 또는 압축시키는 길이 방향으로 작용하기 때문이다. 이를 통해서 구조물의 **강체형상**과 **유연형상** 사이의 차이를 설명할 수 있다.

> 강체 구조물에 작용하는 하중은 부재의 길이 방향으로 전달되면서 부재를 굽히지 않고 인장 또는 압축한다. 유연 구조에 작용하는 하중은 굽힘 변형을 유발한다.

강성도(rigidity)라는 용어는 정량적인 성질이다. 구조물이 강체 구조를 가지고 있다면 이는 그 형상적 특징 때문이다. 이런 구조는 (동일한 양의 소재를 사용하는) 유연 형상 구조물에 비해서 극도로 **강**(stiff)하다.

7.3 판 재

플랙셔에 대한 고찰을 통해서 물체들 사이를 연결할 때에 박판 소재를 사용하는 것은 3개의 막대를 사용하는 것과 정확히 같은 구속 패턴을 갖는다는 것을 알게 되었다. 박판이나 판재를 구조물 부재로 사용할 때에도 이와 마찬가지로 판재의 평면 내에 **등가막대**들이 놓여 있다고 생각할 수 있다. 이런 등가막대 패턴의 배열을 통해서 판재의 면적을 삼각형 트러스들로 분할할 수 있다. 이 단원 전체에 걸쳐서 우리는 자유롭게 박판구조와 그에 상응하는 막대구조 사이를 자유롭게 오갈 예정이다.

플랜지

구조물 내에서 금속 판재를 사용할 때에는 일반적으로 모서리를 따라서 절곡하여 **플랜지**를 형성한다. 이를 통해서 만들어진 플랜지가 모서리 방향으로 위치한 등가막대의 단면 관성 모멘트를 증가시켜서 좌굴을 방지하므로 큰 압축 하중을 견딜 수 있게 된다.

7.4 이상적인 막대

강체 구조물 속에 사용된 막대들은 모두 전혀 굽힘 하중을 받지 않으며 단지 축 방향 하중만을 받기 때문에, 실제로는 구조물을 용접하여 제작할 때조차도 구조물을 구성하는 막대들은 양단에 완벽한 볼-소켓 조인트가 연결된 **이상적인 막대**라고 가정하는 것이 도움이 된다. 이런 이상적인 막대들은 축 방향 하중만을 강체 지지할 수 있다. 막대구조의 조인트에 작용하는 하중은 이 조인트에 연결된 막대들 각각의 축선 방향으로 작용되는 힘들로 분해된다.

7.5 2차원 강성도(rigidity)

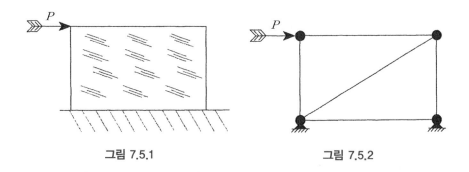

그림 7.5.1 그림 7.5.2

막대는 1차원 강성도만을 가지고 있는 반면에, 금속이나 심지어는 종이와 같은 박판 소재들은 2차원 강성도를 가지고 있는 물체의 좋은 사례가 된다.

2차원 강성도를 가지고 있는 물체는 2차원 뒤틀림이나 형상 변화에 강하게 저항한다. 예를 들어 3×5인치 크기의 사각형 카드는 평면 내 전단력 P에 대해서 사면체 형상으로 변형되지 않도록 강하게 저항한다. 사각형 판재에 대한 등가 막대 패턴을 살펴보면 그 이유를 명확히 알 수 있다. 우리는 이런 구조를 담장 출입문에서 익숙하게 보아왔다. 여기서는 대각선 막대가 사각형을 2개의 강체 삼각형으로 분할시켜주어서 2D 강성을 만들어준다. 삼각형은 2D 강성을 가지고 있는 최소한의 막대구조이다.

7.6 2차원 조인트

2D 조인트를 덧붙이는 방법으로 임의의 숫자의 서로 다른 2D 강체 트러스 구조물을 만들 수 있다. 최초의 강체 구조물에 2개의 새로운 막대를 덧붙여서 새로운 조인트를 추가할 수 있다. 최초의 구조물의 서로 다른 두 조인트에 두

개의 새로운 막대를 연결하여 새로운 조인트를 만든다. (물론, 과도 구속을
피하기 위해서, 새로운 두 막대 사이의 각도는 0°나 180°에 근접하지 말아야
한다.) 예를 들어 최초의 삼각형으로부터 담장 출입문을 만들기 위해서 조인
트를 추가하는 과정을 활용할 수 있다.

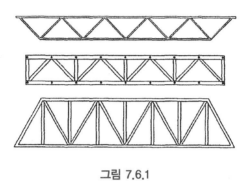

그림 7.6.1

이런 과정은 **그림 7.6.1**에 도시되어 있는 대형의 2D 강체 트러스 설계에도
활용할 수 있다. 이러한 트러스 구조에서 막대의 숫자와 조인트 숫자 사이에
는 다음 공식이 성립된다.

$$B = 2J - 3 \tag{1}$$

여기서 B는 막대의 숫자이며, J는 조인트의 숫자이다. 이 공식은 최초에
삼각형 구조에서 출발하여 조인트 추가를 통해서 만들어지는 모든 (2D) 트러
스 구조에 적용된다. 이런 트러스 구조를 **정정계** 또는 **정확한 구속**이라고 부
른다.

7.7 구조물의 과소 구속 및 과도 구속

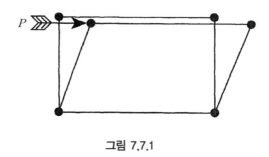

그림 7.7.1

2D 구조물 내에서 (조인트 숫자에 비해서) 잘못된 숫자의 막대를 사용하는 경우가 있다.

구조물 내에 막대의 숫자가 너무 작으면 과소 구속이 초래된다. **그림 7.7.1** 의 사례에서는 4개의 막대로 4개의 조인트가 만들어졌기 때문에 구조물은 과소 구속되어 있다. 정확하게 구속된 트러스의 경우에 적절한 막대의 숫자는 (식 1로부터) 5이다. 이 구조물에는 막대가 하나 부족하기 때문에, 1 자유도가 **과소 구속**되어 있다고 말할 수 있다.

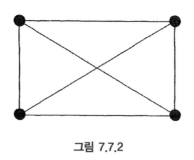

그림 7.7.2

반면에, 구조물에 너무 많은 수의 막대를 사용하면 과도 구속이 발생한다. **그림 7.7.2**의 사례는 1 자유도의 과도 구속이 존재한다. 막대구조물에서 과도 구속에 따른 문제는 1.5절에서 열거한 것과 정확히 일치한다. 마지막(여섯 번째) 막대를 설치하기 위해서는 막대의 길이가 구조물의 해당위치 치수와 정확히 일치해야 하며, 그렇지 못하다면 조립되지 않는다. 이는 공차를 엄격히 관리하거나 현장에서 조립 중에 구멍가공을 하는 특수한 조립기법을 사용해야만 조립이 가능하다. 구조물이 일단 완전하게 조립되고 나면, (불균일한 온도 변화 등에 의하여 유발된) 막대들의 어떠한 길이변화도 내부 응력의 누적을 초래한다.

여기서 주목할 점은 박판이나 판재는 정의에 따르면 **과도 구속**이 되어 있다는 것이다. 판재는 판재평면 내부 전체에 걸쳐서 어디에나 무한한 숫자의 **등가막대**를 보유하고 있다.

그런데 과도 구속에는 한 가지 장점이 있다. **과도 구속은 구조물 강성을 증가시켜준다.** 그런 이유 때문에, 구조물의 과도 구속은 도움이 될 수 있다.

7.8 3D 강성도

기계설계에 가장 유용한 구조는 3차원 강체 구조이다. 2차원 강체 구조물은 평면 내 하중에 대해서만 강성도를 유지하는 반면에 3차원 구조물은 임의의 방향으로 작용하는 하중에 대해서도 변형을 일으키지 않고 강하게 버틸 수 있다.

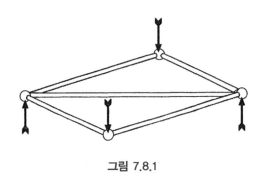

그림 7.8.1

그 차이를 정확히 이해하기 위해서는, 2차원적으로는 강체인 **그림 7.5.2**의 담장 출입문 구조를 다시 살펴봐야 한다. 우선, **그림 7.8.1**에서와 같이 서로 반대 방향으로 작용하는 두 쌍의 힘들이 구조물을 비틀려고 할 때에 어떤 일이 발생하는지를 살펴봐야 한다.

이 구조물이 변형된다는 것은 분명하다. 두 삼각형 구조물에 공통으로 사용된 막대 방향을 힌지로 하여 두 삼각형이 서로 자유롭게 회전할 수 있다. 비록 이 구조물은 2차원에 대해서 강체이지만 3차원 강성도를 갖추지 못하고 있으며 **3차원 강성도**는 다음과 같이 정의할 수 있다.

> 3차원 강체 구조는 구조물의 막대들이 이루는 축선과 구조물의 박판 평면을 따라서 작용하는 하중을 받을 수 있기 때문에 비틀림 하중에 의한 변형에 강하게 저항할 수 있다.

2D(평면) 구조는 3차원 강체 구조가 될 수 없다는 점이 명확하다. 3차원 구조만이 3차원적으로 강성도를 갖는다.

7.9 3D 조인트의 추가

특정한 3차원 강체 구조물을 만들기 위한 유용한 기법은 **3D 조인트** 추가과정을 사용하는 것이다. 3D 조인트 추가에서는 최초 구조물의 서로 다른 3개의 조인트에 3개의 새로운 막대를 연결하여 강체인 최초 구조물에 새로운 조인트를 덧붙일 수 있다.

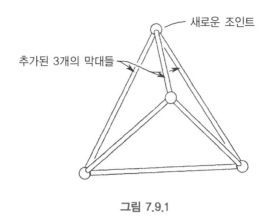

그림 7.9.1

    물론, 3개의 새로운 막대들로 최초의 구조물에 새로운 위치를 정확히 구속하기 위해서는, 이들이 평면을 이루지 않아야 한다. 3D 조인트 추가의 사례로서, 삼각대처럼 조인트를 설치하여 사면체 구조를 만들 수 있다.

    사면체는 가장 단순한 형태의 3차원 구조물이다. 이는 또한 가장 단순한 3차원 강체 구조물이다. 사면체의 한쪽 모서리에 부하가 가해지면, 이 부하는 구조물을 구성하는 각각의 막대들에 순수한 인장 또는 압축 부하가 작용하도록 힘이 분해된다.

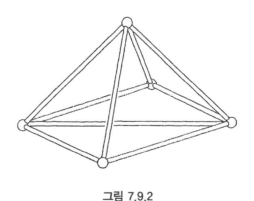

그림 7.9.2

사면체 구조물에 3D 조인트 추가과정을 사용하면 **그림 7.9.2**와 같은 구조물이 만들어진다.

이 구조물은 담장 출입문의 평면 외 위치에서 서로 연결되어 있는 4개의 막대를 추가한 구조이다. 이 구조는 3차원 강체 구조물을 형성한다.

3차원적으로 강체인 최초의 구조물을 변경하기 위해서 조인트 추가기법을 사용할 때마다, 새롭게 만들어지는 구조도 역시 3차원적으로 강체이다. 3차원적으로 강체인 막대구조의 경우, 막대의 숫자와 조인트의 숫자 사이에는 항상 다음 공식이 성립된다.

$$B = 3J - 6 \tag{2}$$

여기서 B는 막대의 숫자이며 J는 조인트의 숫자이다.

7.10 6면체 박스

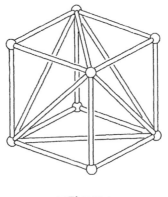

그림 7.10.1

6면체 박스는 구조물 내에서 가장 일반적으로 볼 수 있는 3차원적으로 강체인 형상이다. 이 구조도 사면체 막대구조물에 이미 앞에서 배운 원리를 적용하여 만들어낼 수 있다. 우선, **그림 7.9.1**에 도시된 사면체 막대구조에서 출발한다. 다음으로, **그림 7.10.1**에서와 같이 3D 조인트 추가기법을 사용하여 4개의 새로운 조인트를 추가한다. 이를 통해서 만들어지는 구조는 **등가막대**로 만들어진 **6면체 박스**이다. 12개의 새로 추가된 막대들이 박스의 모서리를 형성한다. 최초의 사면체를 구성하는 6개의 막대들은 대각선면을 구성한다. 박판과 등가인 이 막대구조는 닫힌 6면체 박스를 형성한다.

7.11 5면체 박스와 6면체 박스의 비교

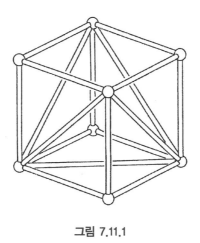

그림 7.11.1

실험 삼아 **그림 7.10.1**의 구조물에서 상부면 대각선 부재를 제거하면 **그림 7.11.1**의 구조가 만들어진다. 이 구조물은 **5면체 박스**의 막대 등가구조이다.

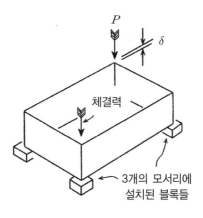

그림 7.11.2

그림 7.11.2에 도시되어 있는 시편을 사용해서 5면체 박스의 비틀림 강성을 6면체 박스와 비교해보기로 하자. 모서리가 지지되어 있지 않은 4번째 모서리에 하중 P가 가해지고 있으며, 변형 δ를 측정한다. P/d의 비율은 비틀림 강성의 지표이다. 5면체 박스와 6면체 박스에 대해서 이 시험을 수행하면, 박스를 마분지로 만들었든, 금속으로 만들었든에 상관없이 6면체 박스가 5면체 박스에 비해서 10배 이상 더 큰 강성을 갖는다. (닫힌) 6면체 박스와 (열린) 5면체 박스의 등가막대구조는 단지 상부면의 대각선 막대 하나만이 부족할 뿐이다. 5면체 박스는 3차원적으로 강체인 6면체 박스에 비해서 정확히 막대 하나가 부족하므로, 5면체 박스는 1 자유도가 과소 구속되었다고 말할 수 있다.

자유도를 몇 가지 다른 방식으로 설명할 수 있다. 예를 들어 열린 표면의 대각선 거리가 구속되어 있지 않다면, 열린 표면이 평행사변형 형태로 변형될 수 있으며, 이를 박스의 서로 마주보는 면들이 서로에 대해 회전한다고 설명하거나 또는 바닥면과 각 측벽들이 꼬인다(비틀린다)고도 설명할 수 있다. 이 자유도를 어떻게 설명하든 상관없이 이 구조물은 정확히 1 자유도를 가지고 있다. 이 자유도를 없애고 구조물의 3차원 강성을 복원하려면, 부족한 대각선 막대를 다시 추가하여 열린 표면의 2차원 강성을 복원해야만 한다. (박판 소재로 제작한) 박스가 3차원 강체가 되려면 모든 표면들은 2차원적으로 강체여야만 한다.

실제의 경우 기계 내에서 강체 구조로 완벽하게 닫힌 박스를 사용하는 것은 매우 드문 일이다. 이 경우 어떻게 구조물 내부로 접근할 것인가? 내부로의 접근 용이성 측면에서는 열린 박스가 훨씬 더 유용하다. 그러므로 박판 박스의 열린 표면을 구조적으로 닫는 방안에 대해서 살펴볼 필요가 있다. 다시 말해서 열린 표면을 2차원적인 강체로 만들어주는 등가구조에 대해서 살펴보기로 한다.

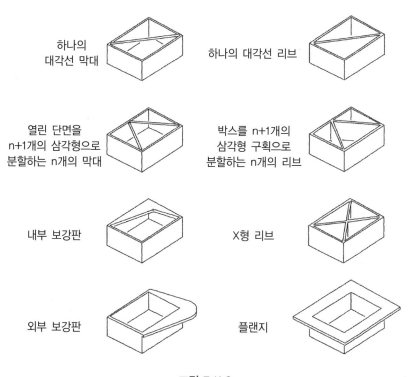

하나의
대각선 막대

하나의 대각선 리브

열린 단면을
n+1개의 삼각형으로
분할하는 n개의 막대

박스를 n+1개의
삼각형 구획으로
분할하는 n개의 리브

내부 보강판

X형 리브

외부 보강판

플랜지

그림 7.11.3

그림 7.11.3에서는 5면체 박스의 열린 표면을 구조적으로 닫기 위한 몇 가지 대안들을 보여주고 있다.

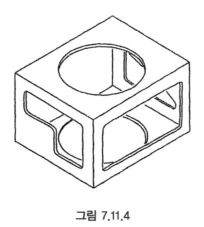

그림 7.11.4

그림 7.11.4에서는 6면체 박스의 여러 표면에 다양한 형상의 구멍을 성형한 것들을 보여주고 있다. 하지만 이 표면들은 모두 구조적으로 닫혀 있기 때문에 3차원적으로 닫힌 구조이다. 각각의 표면들에 남아 있는 소재들은 내부 보강판의 역할을 하기에 충분하며, 각각의 표면들의 2D 강성도가 유지된다.

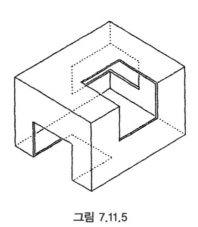

그림 7.11.5

그림 7.11.5에서는 박스의 모서리들을 절단하여도 각각의 표면이 2차원 강성도를 유지하는 한도 내에서는 3D 강성도를 훼손하지 않는다는 것을 보여주고 있다.

7.12 다면체 쉘

3D 조인트 추가과정을 사용하여, 3차원 강체 막대구조의 서로 다른 3가지 구조를 고안했다. 이 3가지 막대구조(사면체, 피라미드, 박스)들은 역시 강체인 대응 박판구조를 가지고 있다. 이 막대구조의 각각의 표면(표면을 삼각형으로 나눠주는 대각선 막대를 포함한 표면)들은 2차원적으로 강체이므로, 이 면들 각각을 등가박판으로 대체할 수 있다.

이 구조물들 각각이 공통적으로 가지고 있는 것은 **닫힌 다면체 쉘**(또는 **등가막대**)이다. 이 구조가 모든 3차원 강체 구조들의 공통분모이다. 마치 박판이 2D 강체 구조의 최소 요소이듯이 닫힌 다면체 쉘은 3D 강체 형상의 최소 요소이다.

> 3차원 강성도를 구현하기 위해 필요한 최소 구조는 다면체 쉘 또는 그 등가막대구조이다. 3차원 강체가 되기 위해서는 다면체 쉘이 구조적으로 닫혀야만 한다. 즉, 다면체 쉘을 이루는 표면들이 2차원에 대해서 강체여야만 한다.

튜브

계측장비 및 기계의 구조물 설계에서 발견하게 되는 많은 다면체 쉘들이 **튜브**의 범주에 속해 있다. 우리는 일반적으로 (꼭 원형일 필요가 없는) 튜브를 어떤 임의의 단면 형상의 기둥형 쉘로 간주하고 있다. 튜브가 3차원 강성체가 되려면 양단이 구조적으로 닫혀야만 한다. **구조적으로 닫혀** 있다는 것은 튜브의 단면 형상이 변형에 대해 구속된다는 것을 뜻한다.

만약 튜브의 양단이 박판으로 이루어져 있다면, 이 요구조건이 자동적으로 충족된다. 그런데 만약 막대구조를 사용한다면, 각각의 표면들은 삼각형으로 분리되어야만 한다. 예를 들어 양단이 열린 사변형 튜브는 양단의 단면 형상이 변형될 수 있으므로, 2 자유도만큼 과도 구속되어 있다. 사변형 물체를 2차원 변형에 대해서 구속하기 위해서는 대각선 방향으로 설치된 막대가 하나 필요하다. 대각선 방향으로 설치된 막대 하나가 사변형 물체를 2개를 삼각형으로 분리해준다. 일반적으로, 임의의 **닫힌** 다각형에 필요한 막대의 숫자는 다면체 표면 숫자보다 3만큼 작다($B = N - 3$). 삼각형은 본질적으로 닫힌 구조이다. 따라서 삼각형 튜브의 양단을 닫을 필요가 없다.

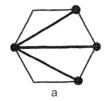 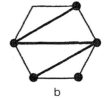

그림 7.12.1

이제 6각형을 살펴보기로 하자. 이 형상을 닫기 위해서는 3개의 막대가 필요하다. 이 막대들은 **그림 7.12.1**에서와 같이 배치할 수 있다.

만일 6각형 튜브라면, 닫힌 구조를 만들기 위해서 양쪽 끝면에 각각 3개씩의 막대가 필요하다. 만약 튜브의 한쪽 면만 닫혀 있다면 이 구조물은 3 자유도만큼 과도 구속되어 있다. 부족한 막대의 개수가 과도 구속의 자유도 수와 같다.

적용 사례

구조적 강성도는 장비용 구조물의 설계에 있어서 매우 중요하다. 극도로 강한 강성은 정상적인 작용력과 부하가 적용할 때에, 무한히 작은 변형만을 일으킨다. 더욱이 강체의 구조형상의 높은 강성 대 질량비가 고유 주파수를 가능한 한 높여주며, 그로 인해서 진폭은 가능한 한 낮아진다.

그러나 장비에만 최적화된 강성으로 인해 생기는 강체형상이 필요한 것이 아니다. 고속도로 표지판, 타워 그리고 굴삭기등과 같은 대형 구조물들은 강체 형상이 사용되어 큰 작용력에 효과적으로 견딜 수 있도록 한 단지 몇 가지의 사례일 뿐이다. 이 사례들에서는 3차원 강성도를 구현하기 위해서 튜브나 다면체 쉘들을 사용하고 있다.

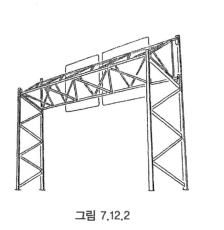

그림 7.12.2

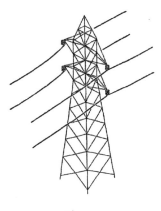

그림 7.12.3

고속도로 표지판의 경우, 삼각형 튜브 형태의 막대구조물에 의해서 지지된다.

고전압 송전선들은 전형적으로 끝이 뾰족한 사각형 튜브형상의 타워에 의해 지지된다.

그림 7.12.4

　그림 7.12.4에 도시되어 있는 굴삭 삽의 바닥은 튜브형 구조를 가지고 있다. 이때, 단면의 크기와 형상은 길이에 따라서 변한다. 또한 한쪽 튜브 내에서 축선은 굽어져 있다.

　사례들은 수없이 많다. 튜브형 구조는 항공우주 운반체, (테니스 라켓, 스키, 서핑 보드 등) 스포츠 장비, 공작 기계, 광학 부품 가공용 공구 및 장비 그리고 건설 장비 등에서 일반적으로 사용된다. 구조물의 올바른 설계 방향이 이토록 다양한 용도나 엄청난 크기 차이에도 불구하고 동일하다는 것은 놀라운 일이다.

7.13 강성도의 궤적

　구조물에 연결부를 생성할 때에는 하중이 구조물에 전달될 수 있도록 전달 경로를 생성한다. 그러므로 이 연결들이 가해진 부하를 강체 상태로 전달할 수 있는 점들을 생성해야 한다. 이런 모든 점들을 통칭하여 구조물의 **강성도**

의 궤적(locus of rigidity)이라고 부른다. 막대구조의 경우, 조인트에 가해지는 하중들은 항상 막대 방향으로 향하는 성분들로 분해되기 때문에, 강성도의 궤적은 구조물의 모든 조인트들을 포함한다. 박판구조의 경우, 두 장의 판재가 서로 각도를 이루며 연결되어 있는 구조물의 모든 모서리들이 강성도의 궤적에 포함된다. (박판 소재는 모서리 상의 모든 점들을 서로 연결하는 무한한 숫자의 등가막대들을 가지고 있다고 간주할 수 있다.) 어떤 모서리 방향으로 작용하는 하중도 박판 소재 평면 내에서 작용하는 힘 성분들로 분해할 수 있으며, 따라서 힘들은 등가막대를 따라서 작용하게 된다.

7.14 구조물 내의 진동

강체 구조로 구조물을 설계했다면, 진동은 거의 문제가 되지 않는다. 강체 구조물 내에서, 구조물의 강성도 궤적에 부착된 중요한 부품의 정밀한 (6 자유도) 위치는 해당 위치 구조물 소재의 평면 내 변형이 없다면 변형이 발생하지 않는다. 반면에 진동 에너지는 구조용 소재의 평면과 수직한 **교축**(transverse) 모드 내에 집적된다. 구조물의 강성도 궤적 상에 놓인 점들은 일반적으로 이 진동에 영향을 받지 않는다. 교축 진동에 취약한 구조물 내의 영역들은 판재의 중앙과 같이, 강성도 궤적으로부터 떨어진 곳들이다.

커다란 판재는 외부 가진원과의 음향 결합을 생성할 수 있다. 이 때문에 음향 진동에 노출된 환경하에서는 판재 영역에 구멍을 성형하는 것이 바람직하다. 또한 강성을 증대시켜서 교축 진동의 진폭을 저감하기 위해서 커다란 판재 영역에 리브를 덧붙일 수도 있다.

7.15 카드보드 모델링을 위한 방법들

카드보드 모델을 만드는 이유

강체 구조를 설계한 다음에 실제로 모형을 제작하여 강성도를 확인하는 것이 바람직하다. 모형을 제작하는 목적은 구조물에 가해지는 힘과 변형을 맨손으로 직접 가늠해보면서 구조물 설계의 강성도를 살펴보는 것이다. 막대구조물은 유연 조인트로 3mm 직경의 목재 막대를 붙여가며 모형을 만들 수 있다. 핫멜트로 제작한 조인트들은 충분한 유연성을 가지고 있으면서도 축 방향 힘에 대해서 충분히 강한 연결을 구현해준다. 만약 구조물을 박판 금속, 진공 성형, 인젝션 몰딩 또는 주물 등으로 제작해야 한다면, 모형 제작에 카드보드를 사용하는 것이 이상적이다. 단시간 내에 모형을 제작할 수 있으며 시험에도 몇 분 걸리지 않아서 시간을 투자할 가치가 있다. 구조물을 강체로 만들기 위한 구속들 중 빼먹은 것이 있다면, 제작된 모델을 손으로 만져봤을 때 확실히 알 수 있다.

만약 구조물에 의도하지 않은 과도 구속이 존재한다면, 이 또한 해당하는 조인트들에 힘을 가해보면 확실히 알 수 있다. 3차원 형상을 설계할 때, 머릿속이나 도면상에서 작업하는 것보다 모형을 활용하면 새로운 아이디어를 얻을 수 있다. 또한 모형은 구조물의 개념을 타인에게 전달해줄 때 매우 효과적이기도 하다.

카드보드의 유형

전형적으로 0.6 ~ 0.75mm 두께의 카드보드지가 모형을 만들기에 적합한 소재이다. A4 용지가 일반적이며 더 큰 용지도 쉽게 구할 수 있다. 이런 유형의 카드보드는 도화지에 코팅지가 접착되어 있다. 그런데 이런 유형의 카드보드지는 품질 편차가 크고, 접촉 조인트 근처에서 응력을 받으면 층이 분리되어 버리는 문제가 있다. 만약 모형을 급조하여 만드는 경우에는 아무런 문제가 없겠지만, 매우 정교한 공예품 수준으로 만들어야 한다면 고품질의 카드보드지를 사용해야 한다. 포스터보드지는 품질이 더 균일하며 다양한 두께로 출시되고 있다. 마닐라 폴더나 파일 폴더들은 약 0.25mm 두께이며 모형 제작에 적합하다. **복사지**(index stock)라고 부르는 종이는 0.2mm 두께부터 원하는 두께만큼 얇게 활용할 수 있다. 이 종이로 외형 12.5~15cm 크기의 모델을 만들었던 경험이 있다. 복사지는 두꺼운 종이보다 몇 가지 면에서 더 유용하다. 우선, 복사지는 가위로 쉽게 자를 수 있다. 또한 복사가 가능하기 때문에 복사지에 부품의 외곽선, 절곡선 및 접착선 등을 그려 넣은 다음, 필요한 모형의 숫자만큼 복사할 수 있다. 이를 통해 모양이 서로 조금씩 다른 구조를 가지로 있는 유사한 모형들 사이의 상대강성 차이를 살펴볼 때 활용할 수 있다(이에 대해서는 나중에 더 다룬다). 박스지나 발포지 등은 강체 구조 모형의 제작에는 적합하지 않다. 그 이유는 이들이 모두 매우 큰 유연강성을 가지고 있기 때문이다. 정의상, 강체 구조물은 전체 강성이 특정 부재의 유연강성에 의존하지 않아야 한다. 강체 구조 내부에 작용하는 모든 힘들은 그 구조에 속한 소재의 평면을 따라서 전달된다. 그러므로 구조물의 강성도를 살펴보기 위해 만드는 모형에 이상적인 소재는 유연강성이 매우 낮아야 한다.

접착(gluing)

모형들을 서로 접착하는 최고의 방법은 핫멜트 글루건을 사용하는 것이다. 이것은 빠르고 매우 강력한 접착 효과를 가지고 있다. 접착제는 글루건의 가열된 노즐을 통과해서 나오는데, 카드보드를 적시기에 충분한 액체성질을 가지고 있다. (보통 접착제들은 말려야 하지만) 핫멜트는 30초 내로 식으면서

굳어서 고무 같은 성질을 갖는다.

면적이 꽤 넓은 두 표면을 핫멜트 글루건으로 접착하는 것은 (1) 넓은 면적에 핫멜트를 녹여 펴기 위해서는 너무 오랜 시간이 걸리며 (2) 넓은 접촉 면적은 냉각을 더욱 가속화시키고 (3) 균일한 두께로 접착제를 눌러 펴기가 어렵기 때문에 조인트가 덩어리지므로 핫멜트는 적합하지 않다. 넓은 면적을 접착하려면 오공 본드가 더 좋다. 오공 본드의 유일한 단점은 건조에 시간이 걸린다는 점이다. 만일 한쪽 조각의 모서리를 다른 쪽 면에 접착하기 위해서 오공 본드를 사용한다면, 두 조각들 사이의 접촉 면적을 확보하기 위해 작은 플랜지를 만드는 것이 도움이 된다.

크기와 비율에 대한 고려

모형의 알맞은 크기는 손으로 다룰 수 있는 크기이다. 즉, 모델의 전체 크기를 12.5∼37.5cm 사이로 제작하는 것이 바람직하다. 일단 모형의 전체 외형 크기에 대한 비율이 결정되고 나면, 어느 두께의 카드보드를 사용할 것인지를 결정해야 한다. 실제 비율보다 얇은 소재로 모형을 만들면 장점이 있다. 비슷한 비율의 두 모형을 하나는 강체로, 다른 하나는 유연하게 만들면 더 얇은 소재로 만든 모형에서 강성의 차이는 증폭될 것이다.

반면에 축소모델을 만들면서 소재의 두께 역시 축소하면, 강체가 아닌 강철 프레임에 대한 강체 강철 프레임의 측정된 강성개선 비율을 동일한 구조를 갖는 축소 카드보드 모델에서 측정된 강성 개선을 통해서 비교적 정확하게 예측할 수 있다. 이는 매우 강력한 도구이다. 제안된 구조개선을 통해서 20%, 2배 또는 10배 이상의 강성 개선이 이루어지는 것을 컴퓨터 모델링을 이용하지 않고 예측할 수 있다. 다이얼 인디케이터와 스프링 저울을 사용해서 모델의 강성을 측정할 수 있다. 예를 들어 만약 사각형 바닥을 갖는 구조물의 비틀림 강성을 측정하려 한다면, 7.11절의 예에서와 같이 3개의 모서리를 고정한 다음, 네 번째 모서리에서 수직 방향으로 부하를 가하여 유발된 변형을 측정한다.

7.16 구조적으로 중요한 점들

기계나 장비에서 구조물이 하는 역할은 구조적으로 중요한 점들을 강체로 연결하는 것이다. 구조적으로 중요한 점들이란 부하가 가해지든 말든 상관없이 강체로 고정된 치수 관계를 유지해야만 하는 점들이다. 여기에는 회전축 베어링 위치, 작동기 실린더, 솔레노이드 및 모터 마운트, 링크 기구의 피벗 위치, 렌즈 및 반사경 고정위치, 조절 메커니즘의 **접지** 위치, 구조물이 다른 물체들이나 바닥 등에 부착되는 점들 등이 포함된다.

만약 구조물이 3차원적으로 강체라면, 구조물 상의 모든 구조적으로 중요한 점들은 강체로 서로 연결되어 있으며, 모든 구조적으로 중요한 점들은 강성도의 궤적 상에 위치한다.

7.17 힘 경로

다양한 유형의 프레스에 사용되는 프레임과 같이, 구조물의 일부분이 비교적 큰 하중을 받아야만 하는 경우가 있다. 이런 구조물을 설계할 때에는 주 작용력이 구조물 소재 내의 단일 부재 경로로 유도되도록 하는 것이 바람직하다. 이 연습은 기능적 메커니즘의 작동 시 발생할 수 있는 미소한 구조 변형의 최소화를 쉽게 해준다.

(계측)장비의 설계에 있어서 힘 전달 경로를 짧게 유지하는 것이 특히 중요하다. 훌륭한 장비 설계는 일반적으로 힘을 전달하는 경로와 측정을 수행하는 경로가 서로 분리되어 구조 경로를 형성하고 있다.

7.18 기계와 장비용 구조의 설계

기계나 (계측)장비를 위한 구조물은 원치 않는 변형과 진동을 피하기 위해서 3차원 강체 구조를 가져야 한다. 이런 구조물들은 어떤 용도에 대해서도 다음의 4단계 과정을 통해서 설계할 수 있다.

1) 구조적으로 중요한 점들을 모두 찾아낸다. 이런 모든 점들을 강체로 연결하는 것이 구조물이 할 일이다.
2) 제시된 기계의 외형치수 내에 들어맞는 강체 코어구조를 설계한다. 강체 코어는 3차원 강체 구조여야만 한다. 기계 구조 전체에 3차원 강성도를 부여하는 것이 강체 코어의 목적이므로, 강체 코어의 체적은 기계 전체의 체적에 비해서 상당한 양이 되어야 한다.
3) 강체 코어로부터 구조적으로 중요한 모든 점들로 강성도의 궤적을 확장시키기 위해서 3D 조인트 추가 과정을 사용한다.
4) 카드보드 모형을 제작한 다음 강성도를 시험한다.

7.19 강체 구조물 사이의 연결

때로는 구조물 내에서 서로 연결되어 있는 더 작은 구조를 구분해낼 수 있다. 이런 방식으로 구조물을 가시화시키는 것은 기존 구조물의 해석이나 새로운 구조물의 창출 모두에 대해서 유용한 기법이다.

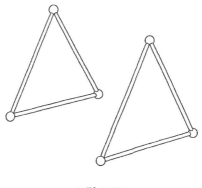

그림 7.19.1

점을 공유하지 않는 두 개의 강체 구조물

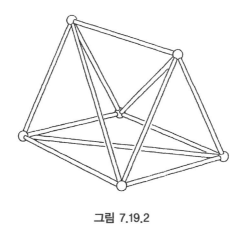

그림 7.19.2

그림 7.19.1에서와 같이 두 삼각형을 강체 연결해야 하는 구조물에 대해서 살펴보기로 하자. 물체들 사이의 3D 연결에 대한 우리의 지식으로부터, 6개의 구속이 필요하다는 것을 알고 있으므로 6개의 막대가 필요하다. 두 물체 사이를 정확한 구속으로 연결하는 막대 배치 사례 중 하나가 **그림 7.19.2**에 도

시되어 있다. 이 구조는 두 구속요소가 서로 교차하는 구속쌍이 3개가 사용되었다. 이런 구속 패턴은 이 단원의 처음에 논의했었던 삼각대와 유사하다.

하나의 점을 공유하는 두 개의 강체 구조물

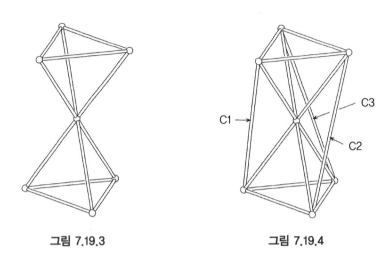

그림 7.19.3   그림 7.19.4

그림 7.19.3에서와 같이 두 개의 사면체들이 연결되어 있는 경우처럼, 두 강체 구조물이 하나의 공통점을 공유하는 경우에는 두 물체 사이에 3개의 회전 자유도만이 존재하며 즉, 3개의 R들이 공통점에서 서로 교차하고 있다.

이 3자유도를 없애기 위해서는 3개의 구속이 필요하다. 3변이 대칭인 패턴으로 배치되며, 남아 있는 두 사면체의 3개 꼭짓점들을 서로 연결하는 3개의 구속요소들이 평행(또는 거의 평행)하게 위치하도록 두 사면체가 배치되어서는 안 된다. 3개의 구속요소들은 반드시 꼬인 위치에 있어야만 한다. 첫 번째 구속요소 C_1이 하나의 R을 제거하며 C_1과 공통 꼭짓점에 의해 정의되는 평면 내의 반경선 디스크 상에 존재하는 2개의 R들이 남겨진다. C_2는 공통 꼭짓점과 함께 두 번째 평면을 정의하면서 두 번째 R을 제거하며, 첫 번째 평면과 두 번째 평면의 교차선 상에 놓인 하나의 R만을 남겨둔다. 세 번째 구속인 C_3가 세 번째 R을 제대로 없애려면, 세 번째 R에 모멘트를 가할 수 있어야 한다. 만약 세 번째 구속인 C_3가 나머지 R과 평행하다면, 이 R을 구속할 수 없다. 그러므로 3개의 구속요소들은 서로 평행하지 않고 꼬인 위치에 있어야만 한다.

그림 6.1.7에 도시되어 있는 탈착식 렌즈 연마 공구가 이와 정확히 동일한 구속 패턴을 가지고 있다.

두 개의 점을 공유하는 두 개의 강체 구조물

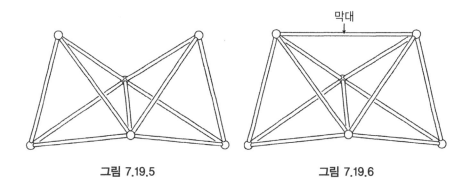

그림 7.19.5   그림 7.19.6

두 개의 작은 강체 구조가 연결되어 하나의 큰 강체 구조를 형성하는 또 하나의 사례로 그림 7.19.5에서와 같이 하나의 모서리를 공유하고 있는 두 개의 사면체를 살펴보기로 하자.

이 두 개의 강체는 서로에 대하여 1 자유도, 즉, 공통 모서리에 대한 회전 자유도만을 가지고 있다. 그러므로 이들을 구속하기 위해서는 그림 7.19.6에서와 같이 단 하나의 추가적인 막대가 필요할 뿐이다.

7.20 유연 구조물 사이의 연결

등가막대구조가 대각선 방향으로 하나 설치되는 사각형 박판에 대해 살펴
보기로 하자. 이 구조물은 비록 2차원적으로는 강체이지만, 3D 구조로서는
유연체이다. 박판을 두 개의 강체 삼각형이 대각선 방향 막대를 서로 공유한
다고 생각하면, 두 개의 삼각형들은 공유하는 막대 방향으로 하나의 R을 가
지고 있다.

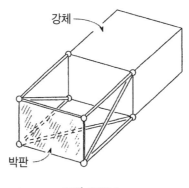

그림 7.20.1

이런 유연 구조물과 또 다른 (강체) 구조물 사이를 일반적인 6 자유도 구속
기구와 더불어 유연 구조물이 내적으로 가지고 있는 1 자유도를 상쇄할 수
있는 일곱 번째 구속요소를 사용하여 강체 연결할 수 있다. **그림 7.20.1**에서는
박판을 강체에 강체 연결하기 위해서 사용한 7개의 구속요소들의 패턴을 보
여주고 있다.

> 과도 구속된 구조물에 강체 연결을 시행하기 위해서는 구조물 내의 과도 구속된 각
> 각의 자유도들을 구속하기 위해서 추가적인 구속요소가 필요하다.

각각의 구조물이 1 자유도만큼의 유연성을 가지고 있는 두 개의 구조물 사이를 연결하기 위해서 얼마나 많은 구속요소가 필요할까? 그 구조를 설계해 보기 바란다.

7.21 강성도 궤적 상에 위치하지 않은 점과의 연결

구조물 상의 강성도 궤적에 인접하여 연결을 이루는 게 항상 가능한 것은 아니다. 강성도 궤적 상의 점들은 정의에 따르면, 3차원적으로 강체이다. 하지만 박판면적 전체에 위치한 점들은 1차원적으로만 강체이다. 따라서 박판의 평면 방향에 대해서만 구속이 필요한 구조물 연결을 구현할 필요가 있다면, 박판 상의 임의의 점에 대해서 연결을 할 수 있다.

이와 마찬가지로, 막대의 축선 방향으로만 구속이 필요한 구조물 연결의 경우에는 그 막대 위의 어느 점에서도 연결이 가능하다.

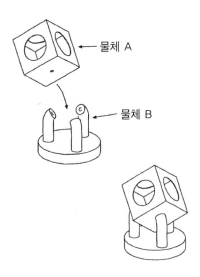

그림 7.21.1

3차원적으로 강체인 두 물체 사이를 강체 연결하는 경우에, **그림 7.21.1**에서와 같이 물체 A와 B 사이의 연결을 위해서 강성도 궤적에서 벗어난 점을 사용하였다. 물체 A는 박판 소재로 만든 6면체 박판구조이다. 물체 A의 강성도 궤적에는 6면체의 모서리들이 모두 포함된다. (모서리에서 벗어난) 표면상의 점들은 강성도 궤적에 포함되지 않는다. 이 점들은 표면에 수직한 방향으로 쉽게 변형된다. 그럼에도 불구하고, (표면의 중앙에 위치한) 이 점들을 사용하여 물체 A에 강체 연결을 구현하려 한다. 관심 물체가 아닌 물체 B는 3차원적으로 강체이며, 강성도의 궤적이 상부 면을 관통하여 돌출된 끝단의 3점까지 확장되어 있다고 가정하자.

물체 A와 물체 B는, 물체의 A의 인접한 3개 표면 각각의 중앙을 관통하는 볼트를 통해서 서로 연결된다. 각각의 볼트 연결은 표면의 중심을 관통하면서 표면이 생성하는 평면 방향에 대해서 2 자유도를 구속한다. 서로 교차하는 C들의 쌍 3개 조들이 서로 직교하는 3개의 평면들과 이루는 패턴이 물체 A의 강체 연결을 구현해준다.

7.22 용접에 의한 휨과 변형

용접은 원치 않는 변형을 초래할 수 있다. 그 결과 형상 정확도가 필요한 부품이나 구조물에서는 용접을 피하는 것이 상식이다. 하지만 잘 알려지지 않은 사실은, 과도 구속된 구조물이 3차원적으로 강체인 구조물에 비해 용접 변형에 의해서 훨씬 더 심하게 영향을 받는다는 점이다. 왜 그런지 이해하기 위해서는 우선 용접 변형을 일으키는 메커니즘에 대해서 우선 이해해야만 한다.

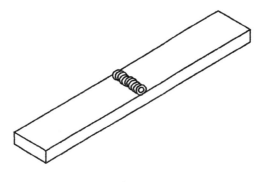

그림 7.22.1

사각형의 금속 막대 한쪽 표면을 가로질러서 용접 비드를 만들었을 때 어떤 일이 생기는지 살펴보기로 하자. 비드 내의 용융된 금속은 매우 높은 온도까지 상승한다. 용융된 금속이 응고 온도까지 내려가도 막대의 비드 뒤편의 (녹지 않은) 금속보다는 훨씬 더 뜨겁다. 하지만 이 시점까지는 막대가 직선을 유지한다.

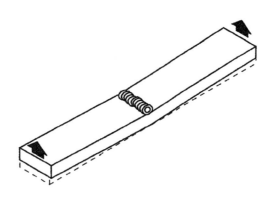

그림 7.22.2

막대가 균일한 온도의 평형 상태가 되면서 비드 영역 내의 금속은 비드 반대쪽에 위치한 금속보다 훨씬 높은 온도에서부터 냉각된다. 선형적 특성을 가지고 있는 열팽창 계수 때문에 막대의 비드 쪽은 반대쪽보다 더 많이 수축한다. 이에 따라서 **그림 7.22.2**에서와 같이 막대가 구부러진다. 하지만 막대의 길이는 크게 변하지 않는다.

전체 형상이 (진직도나 형상이 아닌) 구성요소의 길이에 의존하는 것이 3차원적으로 강체인 구조가 갖는 특성이다. 그러므로 정확하게 구속된 구조물은 용접 변형에 비교적 둔감하다. 좋은 사례로는 용접 지그로 부품들을 고정한 다음 용접하여 조립한 3차원적으로 강체인 강철 프레임을 들 수 있다. 최종 용접이 끝나고 프레임이 식고 난 후에 용접된 프레임을 지그에서 분리해낸다. 세밀한 측정 결과 별다른 변형이 발생하지 않았다. 용접용 지그에 고정된 형상들은 용접 후 지그에서 분리해도 정확한 상대 위치를 유지하고 있다.

하지만 용접이 강체 구조물의 형상에 영향을 끼치는 사례가 있다. 어떻게 이런 일이 있을 수 있을까? 앞에서 말했던 것처럼 용접 과정에서 강체 구조물 구성요소의 길이가 용접 과정에서 변할 때에만 일어날 수 있다. 이런 일이 어떻게 해서 일어나는지를 살펴보기 위해서 사례를 살펴보기로 하자.

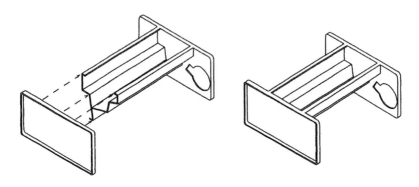

그림 7.22.3

그림 7.22.3에서는 2mm 두께의 알루미늄 판재로 제작한 프레임을 보여주고 있다. 우리는 이 프레임이 유연형상이라는 것을 즉시 알아차릴 수 있다. 이 프레임은 양단을 판으로 막은 열린 채널로서 1 자유도를 가지고 있다.

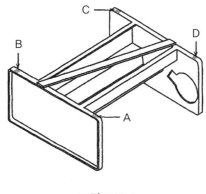

그림 7.22.4

　열린 면을 가로지르는 대각선 막대를 추가하여 부족한 구속을 보충함으로써 강체 구조를 구현할 수 있다. 이 프레임이 강체 구조를 이루기 위해서는 또한 4개의 패드 영역인 A, B, C 및 D가 평면을 이뤄야 한다. 이를 구현하기 위해서는 대각선 막대를 해당 위치에 용접하기 전에 프레임을 용접용 고정 장치에 고정해놓아야 한다. 용접용 고정 장치는 A, B, C 및 D의 패드들을 평면상에 위치시켜야 한다. 그런 다음 열린 단면을 가로지르는 정위치에 대각선 막대를 용접하여 붙인다.

　프레임을 고정 장치에서 분리한 후에 측정해보면, A, B, C 및 D의 패드들이 더 이상 평면을 이루고 있지 못함을 알 수 있다. 사실 A, B 및 C로 평면을 만들면 D가 약 3mm 정도 어긋나 있음을 발견하게 된다. 이는 프레임의 대각선 길이(대각선 막대 길이 방향으로 측정한 모서리간 길이)를 줄여야만 해결된다(실제의 길이 변화는 계산이 가능하다, Appendix 참조).

이는 전혀 놀라운 일이 아니다. 용접 과정에서 대각선 막대가 가열되면 열팽창에 의해서 더 길어진다. 그런데 프레임의 대각선 길이는 프레임이 용접용 치구에 고정되어 있기 때문에 동일한 길이가 유지된다. 마지막 용접 쇳물이 응고될 때에 구조물은 올바른 형상을 유지하고 있지만 대각선 막대의 온도는 나머지 구조물에 비해 높아져 있다. 나중에 프레임을 고정 장치에서 분리해내고 균일한 온도로 평형 상태에 도달하면 대각선 막대의 온도는 크게 낮아진 셈이므로 구조물의 나머지 부분들보다 훨씬 더 많이 수축된다. 이것이 바로 우리가 관찰했던 비틀림의 원인이다. 두 가지 이유 때문에 이 영향은 강철보다 알루미늄에서 훨씬 더 크게 발생한다.

1. 알루미늄의 선형 열팽창 계수가 더 크다.
2. 알루미늄의 열전도도가 훨씬 더 높다.

이로 인하여 동일한 용접 시간동안 알루미늄 대각선 막대의 온도는 훨씬 더 높아진다. 이제 왜 뒤틀림이 발생하는지를 이해하게 되었으므로 해결책을 도출할 수 있다.

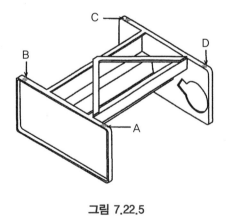

그림 7.22.5

이 문제에 대한 해결책은 부족한 구속을 보충하면서도 냉각 수축이 대각선 길이를 변화시키지 않는 구조를 고안하는 것이다. 대각선 막대를 V형으로 바꾸고 V자의 꼭지 부분을 최후에 용접하면 이 문제를 해결할 수 있다. V자 막대는 여전히 필요한 구속을 수행하지만, 대칭 형상을 가지고 있다. 이 구조를 열 수축 과정에서 막대의 두 대각선 길이를 서로 다르게 수축시키지 않는다.

프레임은 A, B, C 및 D의 패드들이 평면을 유지하도록 고정 장치에 물린 후에 V자 막대를 프레임에 용접한다. 강체 프레임을 고정구에서 분리해도, 우리가 측정할 수 있는 한도 내에서는 A, B, C 및 D의 패드들이 평면을 유지하고 있다.

[단원 요약]

이 장에서는 강체 경량 구조물을 설계하기 위해서 정확한 구속의 설계원리를 이용하였다. 여기에서 사용된 기법은 4장에서 플래셔에 대해 개발된 것과 동일하며, 굽힘과 인장 사이의 강성 차이는 10배 이상 발생한다. 이 기법을 사용함으로써 설계자는 재빨리 구조물의 형상을 평가할 수 있는 능력을 습득하게 되며, 한눈에 강성도의 구형 여부를 판단할 수 있게 된다. 이런 유형의 정상적인 해석 방법은 개념 설계 단계에서 매우 유용하며 유한요소 해석 결과를 통해서 얻는 것보다 더 좋은 직관적 이해를 제공해준다.

[APPENDIX]

5면체의 열린면 대각선 길이 변화에 따른 변형량 계산

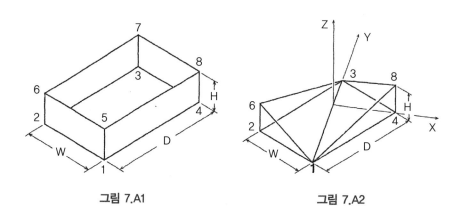

그림 7.A1   그림 7.A2

    윗면이 열려 있는 $H \times W \times D$ 크기의 5면체 박스에 대해 살펴보기로 하자. 박스의 1, 2 및 3번 모서리가 지지되어, 이 세 점들은 고정된 평면을 형성한다고 가정하자. 박스는 1 자유도만큼 과도 구속되어 있기 때문에 4번 모서리는 1, 2 및 3번 모서리에 의해서 정의되는 평면과 수직한 방향으로 자유롭게 움직인다. 사실, 이 박스를 2개의 강체가 모서리에서 서로 연결된 메커니즘으로 간주할 수 있다.

    박판과 막대구조물의 등가성을 이용하면, 1-3 직선을 힌지로 사용하는 2개의 (강체) 사면체 막대구조를 그려낼 수 있다. 이제 고정되어 있다고 간주하는 물체 1-2-3-6에 대해서 물체 1-3-4-8의 상대운동을 표현할 수 있다. 보다 명확하게 나타내기 위해서 Y는 힌지 방향, X는 4번 모서리를 통과하는 직교좌표계를 정의한다.

    Y축으로부터 4번 모서리까지의 거리는

$$a = \frac{D \times W}{l}$$

여기서 l은 1번과 3번 모서리 사이의 거리(박스 바닥의 대각선 길이)이다.

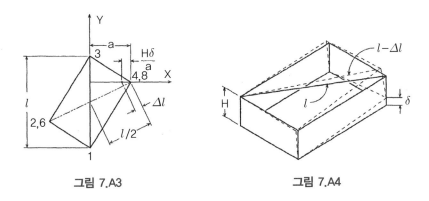

그림 7.A3   **그림 7.A4**

이제 메커니즘을 구동시켜보기로 하자. 최초에 X-Y 평면 상에 놓여 있던 4번 모서리가 Z 방향으로 δ만큼 움직이며, 음의 X 방향으로도 $H\delta/a$ 만큼 움직인다. 우리는 6번과 8번 모서리 사이의 거리 변화 Δl에 관심이 있으며, 이는 4번 모서리가 δ만큼 변형된 것에 해당한다. 이는 (닮은꼴 삼각형을 통해서) 즉시 확인할 수 있다.

$$\frac{\Delta l}{H\delta/a} = \frac{a}{l/2}$$

이를 정리하면

$$\Delta l = \frac{2H}{l}\delta \ \text{또는} \ \delta = \frac{l}{2H}\Delta l$$

Chapter 08

띠형 판재의 정확한 구속

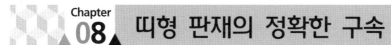

Chapter 08 띠형 판재의 정확한 구속

정확한 구속 : 기구학적 원리를 이용한 기계설계

띠형 판재(web)는 일반적으로 폭이 두께보다 훨씬 더 큰 유연소재 스트립으로서, 길이는 폭보다 훨씬 더 길다. 사진 필름이나 종이 롤이 그 예이다. 이런 띠형 판재는 이송기구를 잘 못 다루면 쉽게 손상을 받는다. 그러므로 띠형 판재의 이송기구는 판재와의 연결부위에서 과도 구속이 발생하지 않도록 세심하게 설계해야 한다. 띠형 판재와 판재 이송기구 사이에 정확한 구속연결을 구현하면, 판재의 손상을 피할 수 있을 뿐만 아니라 다른 방식으로는 구현할 수 없는 정밀한 판재 추종 성능을 구현할 수 있다.

8.1 띠형 판재의 유형

띠형 판재는 2차원 강성 특성에 따라서 3가지 기본 유형들로 나눌 수 있다.

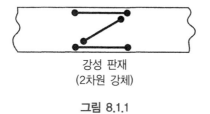

강성 판재
(2차원 강체)

그림 8.1.1

강성 판재(stiff web)의 경우, 7.5절의 정의에 따르면, 판재가 장력을 받으면 2차원 강체가 된다. 이 강성 판재는 2차원 변형에 대해서 강하게 저항한다.

강성 판재의 등가막대구조는 2개의 모서리 막대와 하나의 대각선 막대로 이루어져 있다. 사진용 필름과 인화지는 일반적으로 폭에 비해서 스팬이 아주 길지는 않은 기구에 의해서 이송된다면 강성 판재처럼 거동되는 것으로 간주한다. (만일 판재의 폭에 비해서 스팬이 매우 길다면, 두 개의 모서리 막대와 하나의 대각선 막대는 너무 근접하게 되어 실제적으로는 하나의 막대로 합쳐져버린다.) 이 장은 (8.14절을 제외하고는) 주로 강성 판재에 대해서 다룬다.

유연 판재(compliant web)의 경우 띠형 판재가 2차원 강체라는 가정을 포기해야만 한다. 유연 판재는 판재의 폭보다 스팬이 훨씬 더 길거나 큰 인장 하중을 받는 경우에 성립된다. 이런 환경하에서 띠형 판재는 이송 장치에 의해서 가해지는 하중에 의하여 더 이상 2차원 형상을 유지할 수 없다.

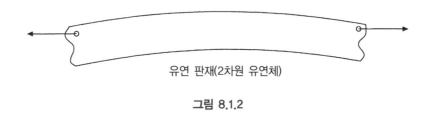

유연 판재(2차원 유연체)

그림 8.1.2

그림 8.1.2에서는 편심 인장 하중에 대한 유연 판재 스팬의 (과장된) 변형을 보여주고 있다. (이 스팬은 무부하 상태에서는 직선이다.)

유연 판재의 이송에 장고형 롤러를 사용할 수 있다. 장고형 롤러의 작동에 대한 메커니즘은 8.14절에서 논의할 예정이다.

직물 판재(fabric web)의 등가막대구조는 2개의 모서리 막대를 가지고 있지만, 대각선 막대는 없다. 따라서 직물 판재는 2차원 변형에 저항하지 않는다. 사각형 판재는 쉽게 평행 사변형으로 변형된다. 우리는 직물 판재의 이송을 다루지 않는다.

8.2 2D 문제

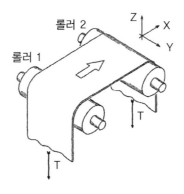

그림 8.2.1

   우선 **그림 8.2.1**에서와 같이 2개의 롤러에 의해서 지지된 강성 판재에 대해서 살펴보기로 한다. 그림에 도시되지 않은 어떤 수단에 의해 띠형 판재가 장력을 받지만, 추가적인 구속에 대해서는 자유롭다고 가정한다. 두 롤러들 사이의 띠형 판재 스팬은 1.1절에서 설명했던 2차원 강체인 카드보드지처럼 거동한다. 이 카드보드는 테이블에 의해 지지된다. 띠형 판재의 경우에는 롤러에 의해서 지지된다. 장력은 띠형 판재가 가운데에서 처지지 않도록 해준다. 카드보드 판재처럼 우리는 띠형 판재의 평면 위치에는 관심이 없는 반면에, 평면 내에서의 띠형 판재 위치에만 관심이 있다.

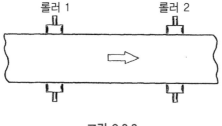

그림 8.2.2

우리는 띠형 판재의 X, Y 및 θ_z 위치에 대해서만 관심이 있다. 다시 말해서 우리의 문제는 2D이다. 이 조건은 다양한 측면에서 문제를 단순화시켜준다. 우선 가장 명확한 것은 일반적인 6 자유도 대신에 3 자유도만 고려해야 한다는 점이다. 실제로는 이보다 더 쉬워진다. 띠형 판재는 일반적으로 롤러들 중 하나에 의해 (X 방향으로) 구동되므로, 우리는 이 방향의 자유도에 대한 구속을 거의 생각할 필요가 없다. 따라서 여기에는 2 자유도만 남게 된다. 2D로 문제를 단순화하는 것의 두 번째 장점은 실제의 경우 띠형 판재의 경로는 하나의 평면에 대해 구속되지 않는다 하더라도, **판재 평면 도표**라고 부르는 도식적 표현을 단일 평면에 만들 수 있다는 것이다. **그림 8.2.2**는 **그림 8.2.1**에서 도시된 띠형 판재 경로의 일부분을 도식화해서 보여주고 있다. 롤러들 밖에 매달리게 되는 띠형 판재의 **꼬리**는 롤러들 사이의 띠형 판재 부위처럼 동일 평면상에 위치하지 않는다. 그럼에도 불구하고 그림에서는 마치 동일 평면상에 있는 것처럼 나타낸다. 비록 띠형 판재가 롤러에 90°만큼 감겨져 있다고 하더라도, 그림에서는 마치 감기지 않고 평평한 것처럼 나타낸다. 이 기법이 띠형 판재에 가해지는 구속과 2D 문제에 속하는 건물 보강의 분석을 위한 유용한 기법이다. 이제 각각의 롤러와 띠형 판재 사이의 연결 특성에 대해서 살펴보기로 하자.

8.3 각 롤러는 1 자유도

띠형 판재가 각각의 롤러에 감긴 실제 각도 (이 경우에는 90°) 때문에 판재의 장력이 롤러 표면에 큰 반경 방향 판재 압력을 가한다. 이 압력은 다시 띠형 판재와 롤러들 사이에 현저한 마찰 커플링을 초래한다. 띠형 판재의 취급 과정에서 이 마찰 커플링은 판재와 롤러 사이의 기계적 연결처럼 거동한다.

따라서 각각의 롤러들은 롤러 축들과 평행한 방향으로 띠형 판재에 구속을 가한다. 이 구속들은 일반적인 구속 심벌인(⟵•)을 사용하여 나타낸다. 구속에 대한 정의를 다시 기억해보면, 물체의 구속직선상에 놓인 점들은 구속직선의 직각 방향으로만 움직일 수 있다. 이는 롤러가 띠형 판재에 끼치는 영향을 정확히 나타내고 있다.

이와 등가인 연결구조는 긴 나무판을 지지하고 있는 한 쌍의 롤러이다. 각각의 롤러들은 나무판에 롤러 축들과 평행한 방향으로 구속을 가한다.

또 다른 등가 연결구조는 차량의 바퀴와 도로 사이의 연결이다. 포장도로는 바퀴들이 향하는 방향으로 쉽게 차량을 통과하지만 측면 방향 운동에는 저항한다. (차를 옆에서 밀어보아라.)

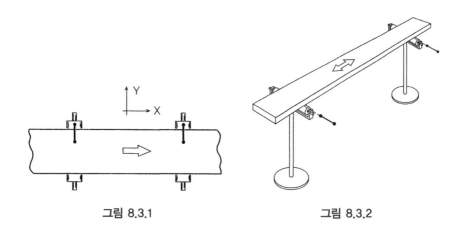

그림 8.3.1   그림 8.3.2

그림 8.3.1에 따르면 2차원 강체인 띠형 판재에 두 개의 구속을 가하는 것은 1장에서 카드보드지에 2개의 구속을 가하는 것과 정확히 동일한 결과가 초래된다. 띠형 판재는 두 구속조건들의 교점에 위치하는 순간회전중심에 대해서 피벗으로 구속된다. 두 롤러가 서로 평행인 경우, 순간중심은 무한히 먼 곳에 위치하게 되므로, 띠형 판재의 X 방향 병진운동을 허용한다. 하지만 조심성

없는 설계자를 유혹하는 첫 번째 함정에 유의해야 한다. 비록 한 쌍의 평행한 롤러에 의해서 구속되어 있기 때문에, 띠형 판재가 X 방향으로 완벽하게 따라가야만 하는 것처럼 보이지만, 실제로는 판재가 롤러의 이쪽 또는 저쪽 끝으로 감겨버리는 것을 발견하게 된다. 이런 실망스러운 결과를 접하고 나면, 설계자는 롤러가 제대로 정렬되지 않았다고 결론짓고 정렬 문제를 개선하기 위해서 많은 노력을 기울이게 된다.

하지만 이런 노력은 완전히 쓸모없으며, 등가인 자동차의 경우만 봐도 그 이유를 알 수 있다. 조향 바퀴의 정렬을 세심하게 맞춘 후에 좌회전이나 우회전을 할 수 없게 고정해놓은 무인 조종 자동차를 상상해보자. 이 자동차를 거리가 매우 긴 직선 도로에 놓고 달리게 해본다. 만일 자동차의 출발 방향을 부주의하게 맞춘다면, 얼마 달리지 못하고 도로를 벗어나 버릴 것이다. 이제 (조향 휠과 자동차의 도로에 대한 초기 출발각도) 정렬을 잘 맞춰서 자동차가 무한히 도로 위를 달릴 수 있도록 만드는 것이 얼마나 어려운지를 알 수 있다. 이것은 불가능한 일이다. 따라서 우리는 바퀴에 의해 유발된 구속과 링크 또는 접촉점에 의해 유발된 구속 사이의 주된 차이점을 발견할 수 있다. 이것은 띠형 판재가 롤러 위에서 겪는 상황과 정확히 일치한다. 이런 측면에서 휠과 롤러에 의해 유발된 구속은 링크나 접촉점과 같은 장치에 의해서 유발된 구속과는 차이가 있다.

이와 동일한 문제가 **그림 8.3.1**의 띠형 판재와 롤러 사이에서도 발생한다. 롤러를 완벽하게 정렬하고 띠형 판재가 완벽하게 직선이어도, 초기 정렬이 완벽하지 못하다면 띠형 판재는 롤러에서 벗어나버릴 것이다. 이런 완벽성은 구현할 수 없다는 것을 잘 알고 있기 때문에 다른 해결책을 찾아야 한다. 우리는 우선 자동차의 경우 이 문제를 어떻게 해결했는지 살펴봐야 한다. 자동차의 경우, 서보기구(또는 운전자)가 자동차의 트랙 위치(Y)를 검출하여 적절한 조향 보정을 수행한다. 자동차의 조향용 바퀴가 선회하면, **그림 8.3.3**에서 와 같이 앞바퀴의 축선과 뒷바퀴 축선의 교차점이 무한히 먼 곳에서 어떤 유 한한 위치로 가까워지게 된다. 이 교차점이 자동차의 순간선회중심이다. 따라 서 조향바퀴는 자동차의 뒤 차축 축선 상에 위치하는 자동차의 **순간선회중심** 의 위치를 제어한다. 자동차를 운전하기 위해서 운전자는 자동차의 순간선회중 심과 도로의 곡률중심을 대략적으로 일치시키고 필요에 따라 미세 조정을 수행 한다. 이와 동일한 해결책을 롤러 위에서 띠형 판재의 이송에 적용할 수 있다.

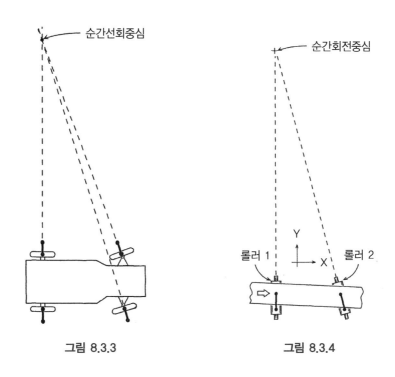

그림 8.3.3   그림 8.3.4

이를 띠형 판재에서 구현하기 위해서는 트랙 상에서 판재의 위치를 검출하 기 위한 센서를 설치하고, 이 센서로부터의 정보를 사용하여 두 롤러들 중 하 나인 롤러 2의 조향각도를 조절한다. 예를 들어 띠형 판재가 Y 방향으로 너무 멀리 움직여버린 것을 센서가 검출하면 **그림 8.3.4**에 도시된 롤러 2의 조향 각을 변화시켜서 판재의 순간회전중심을 이동시킨다. 이에 따라서 띠형 판재 는 순간회전중심에 대해서 회전하면서 판재의 모서리는 음의 Y 방향으로 이 동한다. 따라서 띠형 판재의 트랙이탈 운동을 제어할 수 있다.

이런 모든 논의의 논점은 서보기구 설계를 고찰하는 것이 아니다. 이 논의 의 목적은 롤러가 (웹의 모서리에 의존하지 않고도) 매우 실제적으로 띠형 판 재를 구속하며, 판재들은 기대한대로 정확히 응답한다는 것을 설명하려는 것 이다. 띠형 판재에 두 개의 구속을 가하면 판재의 회전을 구속하는 순간회전 중심이 정의된다. 이를 이용하면 판재를 제어할 수 있으며, 이 거동을 이해하 면 띠형 판재의 트랙이탈 위치를 제어하기 위해서 서보 또는 다른 어떤 수단 을 선택할 수 있다.

8.4 모서리 안내 기구

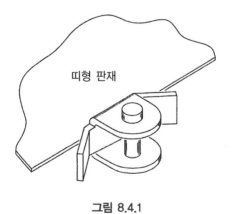

띠형 판재

그림 8.4.1

띠형 판재의 트랙이탈 위치를 조절하기 위한 또 다른 수단은 상류 측 롤러 에 **모서리 안내 기구**를 설치하는 것이다. **그림 8.4.1**에 도시된 것과 같이 모서리 안내 기구로 (그림에 도시되지 않은 어떤 수단에 의해 생성된 고정력의 영향으로) 판재의 모서리를 안내하는 피벗식 안내판을 사용할 수 있다. 모서리 안내 기구는 띠형 판재에 판재 모서리의 직각 방향으로 구속을 가한다. 이는 롤러에 의해서 가해지는 구속과는 두 가지 측면에서 다르다. 우선 롤러에 의해서 부가되는 구속은 띠형 판재에 특정한 기준 위치를 만들지 않는 반면에 모서리 안내 기구는 띠형 판재의 모서리에 기준 위치를 만들어준다. 두 번째 차이는 더 미묘한 것으로, 롤러에 의해 부가되는 구속의 위치와 각도는 (롤러의 축선 방향으로) 고정되는 반면에, 모서리 안내 기구에 의해 부가되는 구속은 띠형 판재의 모서리가 이동하면 항상 판재 모서리와 직각을 이루도록 함께 움직인다. 이게 별로 중요하지 않은 것처럼 보일지 모르겠으나 곧 그렇지 않다는 것을 알게 될 것이다.

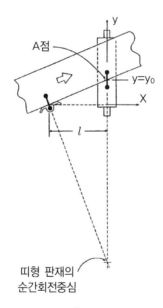

그림 8.4.2

그림 8.4.2에서는 거리 l만큼 떨어진 롤러와 모서리 안내 기구에 의해서 구속된 띠형 판재의 개략도를 보여주고 있다. 여기서 띠형 판재에는 심한 부정렬이 존재한다. 이들 두 구속직선들이 교차하는 점이 띠형 판재의 순간회전 중심을 정의해준다. 롤러가 표시된 방향으로 띠형 판재를 이송하면, 판재는 순간중심에 대해서 시계 방향으로 회전을 일으킨다.

우리는 그림에 도시된 방향으로 띠형 판재가 움직일 때에 판재의 트랙이탈 위치의 관찰에 관심이 있다. 특히 띠형 판재가 롤러 축 위를 가로지를 때에 띠형 판재 모서리의 y 방향 위치를 살펴보려 한다. $t = 0$, $y = y_0$일 때에 띠형 판재 모서리 위치인 A점은 롤러와 접촉하고 있으며, 롤러 축 바로 위에 위치하고 있다.

짧은 시간인 Δt가 흐르고 나면, A점은 (롤러 축과 수직한 방향으로) Δx만큼 이동하여 A′점이 된다. 그 결과 띠형 판재의 (롤러 상의) 위치는 $-\Delta y$ 방향으로 움직인다. 따라서 판재의 속도는 트랙 방향 성분인 $v_x = \dfrac{\Delta x}{\Delta t}$와 트랙이탈 성분인 $v_x = \dfrac{\Delta y}{\Delta t}$의 두 가지 성분을 가지고 있다.

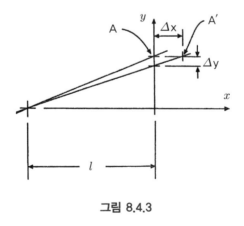

그림 8.4.3

미소 시간 간격에 대해서 $-\dfrac{\Delta y}{\Delta x}=\dfrac{y}{l}$ 이며, 이를 속도에 대해서 나타내면

$\dfrac{v_x}{v_y}=-\dfrac{y}{l}$ 가 된다.

$$-\frac{v_x}{l}=\frac{v_y}{y}=\frac{1}{y}\frac{dy}{dt}=\frac{d}{dt}(\ln y)$$

$$d(\ln y)=\left(\frac{-v_x}{l}\right)dt$$

위 식의 양변을 적분하면(l과 v_x는 상수)

$$\int d(\ln y)=\ln y=\int\frac{-v_x}{l}dt=\frac{-v_x t}{l}+c_1=\frac{-x}{l}+c_1$$

$$y=e^{\left(\frac{-x}{l}+c_1\right)}$$

초기 조건 $x=0$일 때 $y=y_0$를 대입하면,

$$y_0=e^{0+c_1}\rightarrow c_1=\ln y_0$$

c_1값을 대입하여 식을 정리하면,

$$y=e^{\left(\ln y_0-\frac{x}{l}\right)}=e^{\ln y_0}e^{\frac{-x}{l}}=y_0 e^{\frac{-x}{l}}$$

따라서 롤러 상에서 띠형 판재 모서리의 측면 방향 위치는 판재가 트랙 쪽으로 이동하는 거리의 지수함수적인 감소함수이다. 공학적으로는 지수함수적으로 감소하는 시상수를 잘 알고 있다. 여기서는 상류 측 모서리 가이드와 하류 측 롤러 사이의 거리와 같은 길이 상수가 지수 함수적으로 감소한다. 상류 측 모서리 가이드와 하류 측 롤러에 의해서 구속되며 롤러 상의 정상상태 측면 위치로부터 측면 방향으로 y_0만큼 이동한 시작위치를 가지고 있는 띠형 판재 스팬의 경우, 롤러 상의 판재 모서리의 측면 방향 위치는 지수 함수적으로 감소하는 곡선을 추종한다.

$$y = y_0 e^{\frac{-x}{l}}$$

여기서 x는 트랙을 추종하는 띠형 판재의 이동거리이다.

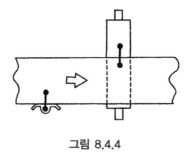

그림 8.4.4

그림 8.4.2의 판재는 궁극적으로 **그림 8.4.4**에서와 같은 평형 상태에 도달하게 되며, 이때에 띠형 판재에 작용하는 두 개의 C들은 평행을 이루어, 순간회전중심(R)이 무한히 먼 곳에 위치하게 된다. 이 R은 순수한 X 방향 병진(T) 운동과 등가이다. 이는 띠형 판재의 모서리를 추종하면서 안정된 판재의 이

송을 실현하는 좋은 방법이다. 그런데 이 방식은 반대 방향으로의 이송에 대해서는 불안정하다는 단점이 있다.

8.5 휘어진 띠형 판재

지금까지는 모서리가 직선인 띠형 판재의 거동에 대해서만 살펴보았다. 이제 휘어진 판재의 거동에 대해서 살펴보기로 하자. 휘어진 띠형 판재란 모서리가 유한한 곡률 반경으로 절단된 판재를 발한다. 이러한 형상의 판재 거동에 대해서도 우리가 이미 사용했던 것과 동일한 2D 해석기법을 적용하여 이해할 수 있다.

그림 8.5.1

그림 8.5.1에서는 과장되게 휘어진 띠형 판재를 보여주고 있다. 이 판재는 롤러의 상부에 위치하고 있는 모서리 안내 기구에 의해서 구속되어 있다. 기하학을 통해서 찾아낸 곡률의 중심과 순간회전중심의 위치를 도시하고 있다. 띠형 판재가 화살표 방향으로 진행함에 따라서, 판재는 순간중심에 대해 회전해야만 한다. 이는 명백히 롤러 위치에서 음의 Y 방향으로 띠형 판재의 경로 이탈 운동을 초래한다. 이로 인하여 띠형 판재에는 새로운 순간중심이 만들어진다. 따라서 순간중심은 롤러의 구속선을 따라서 띠형 판재의 곡률중심을 향하여 이동한다.

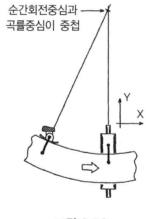

순간회전중심과 곡률중심이 중첩

그림 8.5.2

띠형 판재의 이송이 계속되면, 곡률의 중심은 계속해서 롤러의 구속선 쪽으로 이동하며, 띠형 판재의 순간중심에도 계속해서 롤러의 구속선을 따라서 곡률중심 쪽으로 이동한다. 이들 두 점들이 그림 8.5.2에서처럼 중첩될 때까지 서로 접근한다.

롤러의 상류 측에 위치한 모서리 안내 기구에 의해서 직선 상태인 띠형 판재의 정상상태 위치가 구속된다는 것을 배운 바 있다. 이 판재는 두 구속요소들(모서리 안내 기구와 롤러)이 서로 평행(무한히 먼 곳에서 서로 교차하여)한 안정 위치를 향해 움직인다. 그런데 직선 상태인 띠형 판재의 곡률중심도 무한히 먼 곳에 위치한다. 이는 우연의 일치가 아니다. 우리는 다음과 같은 결론을 얻게 된다.

> (유한 또는 무한한) 휘어진 반경을 가지고 있는 띠형 판재가 롤러 상류 측에 설치된 모서리 안내 기구에 의해서 구속되어 있다면, 띠형 판재의 순간회전중심이 판재의 곡률 중심과 중첩되는 정상상태 위치로 판재가 이동한다.

더욱이 **그림 8.4.4**와 **그림 8.5.2**를 자세히 살펴보면 안정된 위치에서 띠형 판재가 롤러를 가로지를 때에 판재의 모서리는 롤러의 축과 직교한다. 모서리의 휨 반경에 관계없이 롤러의 상류 측에 설치된 모서리 안내 기구에 의해서 구속된 띠형 판재는, 판재의 모서리가 롤러 축과 직교하면서 롤러를 가로지르는 안정 상태로 접근한다. 단지 이런 이유 때문에 이런 하류 측 롤러를 각도 구속기구로 간주할 수 있다. 이 롤러는 띠형 판재의 모서리를 롤러 축에 대해서 90°가 되도록 구속하는 것처럼 보인다. 하지만 이미 보았던 것처럼, 이런 거동은 띠형 판재의 상류 측 측면 방향 위치가 (모서리 안내 기구에 의해서) 고정되어 있는 경우에만 이루어진다. 개념적으로는 띠형 판재의 이 안정된 구속쌍은 **그림 8.5.3**의 개념도와 같이 나타낼 수 있다. 여기서 모서리 안내 기구는 화살표의 머리가 판재 모서리의 측면 방향 위치를 고정시켜준다. 롤러(각도구속 기구)는 롤러 축을 나타내는 직선으로 표시되어 있다. 띠형 판재의 모서리는 이 롤러에 대해서 직각으로 구속된다. 상류 측의 측면 방향 구속과 하류 측의 각도구속의 조합은 띠형 판재의 경로 설계에서 자주 만나게 된다.

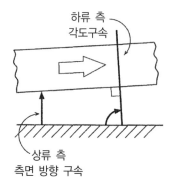

하류 측
각도구속

상류 측
측면 방향 구속

그림 8.5.3

8.6 롤러 표면상의 띠형 판재에 필요한 피벗

휘어진 띠형 판재가 곡률중심에 대해서 회전하는 **그림 8.5.2**와 같은 안정된 위치에서, 실린더 표면이 (띠형 판재의 평면도에서) 순수한 X 방향으로 움직이는 롤러 바의 경계면에 대해 미소한 θ_z의 피벗 운동이 발생한다. 순간회전 중심에 가장 인접한 띠형 판재 모서리 근처에서 판재의 속도는 롤러 표면의 속도보다 약간 떨어진다. 순간중심에서 가장 먼 쪽 모서리 근처에서 판재의 속도는 롤러 표면의 속도보다 약간 더 빠르다. 따라서 띠형 판재와 롤러가 접촉하는 영역의 대략적인 중심에 대해서 피벗 운동이 발생한다. 이 피벗 운동은 운전자가 조향 바퀴를 선회시켰을 때에 도로에 대해서 앞바퀴가 일으키는 것과 동일하다. 자동차가 주차해 있을 때에는 타이어와 도로 사이의 접촉면에서 큰 미끄럼이 일어나야만하므로 조향 바퀴를 선회시키기 위해서는 큰 힘이 필요하다. 그러나 만일 자동차가 움직인다면 아주 작은 힘이 필요하다. 운행 중에는 고무 타이어의 탄성 크리프 때문에 토크가 조금만 가해져도 θ_z 회전이 발생한다. 마찬가지로 띠형 판재와 롤러의 계면에서도 탄성 크리프가 작용한다. 때로는 띠형 판재가 가지고 있는 탄성이 이러한 크리프 거동을 나타내기에 충분할 때도 있다. 만일 롤러가 고무 덮개를 가지고 있다면, 이 고무가 탄성 크리프에 가장 지배적인 역할을 한다.

판재 평면 선도에서 띠형 판재의 순간회전중심이 롤러 표면의 순간회전중심과 일치하지 않을 때마다 롤러 표면상에서 띠형 판재의 피벗 운동이 발생한다. 앞에서 봤던 것처럼, 휘어진 띠형 판재가 실린더형 롤러 상을 움직일 때에 이런 현상이 발생한다. 만일 직선형 판재가 약간 원추 형상을 갖는 롤러 위를 움직일 때에 피벗 운동이 어떻게 일어날지도 쉽게 상상할 수 있을 것이다. 또 다른 사례로는 상류 측 측면 방향 구속과 하류 측 각도구속을 포함하는 띠형 판재의 경로가 초기 부정렬을 가지고 있는 직선 웹이 처음 몇 번의 길이 상수의 작동 기간 동안 피벗 운동이 발생한다.

피벗에 의해 생성되는 힘

띠형 판재의 순간회전중심이 롤러 표면에서의 회전중심과 일치하지 않을 때마다 롤러에 대해 상대적으로 띠형 판재에 피벗 운동이 발생한다. 이런 피벗 운동이 발생할 때마다, 일련의 평형력이 작용하게 된다. 예를 들어 **그림 8.6.1**에서와 같이 모서리 안내 기구와 하류 측 롤러에 의해서 운반되는 휘어진 띠형 판재의 정상상태를 살펴보기로 하자. 롤러와 띠형 판재의 계면에서 발생하는 피벗 운동의 결과로서 시계 방향으로 작용하는 토크 Γ가 롤러에 의해서 띠형 판재에 작용한다. 이 토크에 평형을 맞추기 위해서 모서리 안내 기구에 작용하는 힘 P1과 롤러에 작용하는 힘 P2로 이루어진 짝힘이 생성된다. 비록 이 힘들이 띠형 판재의 정상상태 위치를 결정하는 인자는 아니지만, (띠형 판재의 정상상태 위치는 순간중심의 위치에 의해서 결정된다.) 이 힘들에 대해서 이해하는 게 도움이 된다. 예를 들어 모서리 안내 기구에서 생성된 힘

이, 안내 기구에 스프링을 사용할 필요성을 없애준다. 작동 시 띠형 판재의
모서리는 모서리 안내 기구를 자연스럽게 타고 움직인다.

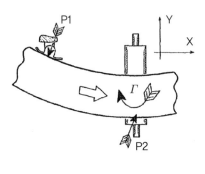

그림 8.6.1

8.7 띠형 판재와 롤러 사이의 연결 : 핀과 클램프

웹과 롤러 사이의 연결에 대한 좋은 개념 모델은 띠형 판재와 롤러 사이
접촉 면적의 대략적인 중심에서 판재를 롤러 표면에 고정하기 위해서 하나의
압핀을 사용하는 것이다. 물론 이것은 개념적인 모델일 뿐이다. 띠형 판재가
이동함에 따라서 압핀은 지속적으로 이동한다. 이 모델에서 띠형 판재와 롤
러 사이의 연결은 X 구속 및 Y 구속의 두 가지 구속으로 구성되어 있다. 이
연결은 필요한 것처럼 θ_z에 대해서 자유롭다. 8.3절에서 논의했던 것처럼 Y
방향 구속은 단일의 축 방향 구속이다. 지금까지는 암묵적으로 무시했던 X
방향 구속은 구동 방향으로 롤러에 띠형 판재를 연결시켜준다. 일반적으로,
띠형 판재의 경로 내 롤러 중 하나가 구동 롤러가 된다. 구동 롤러와 띠형 판
재 사이의 X 방향 구속은 구동 롤러가 띠형 판재를 X(트랙) 방향으로 구동
시켜준다.

띠형 판재 내의 다른 모든 롤러들은 일반적으로 **종동(idle)** 롤러이다. 띠형 판재와 각각의 종동 롤러들 사이의 X 방향 구속은 자유롭게 회전할 각각의 종동 롤러들의 회전 방향각도 위치를 단순히 구속할 뿐이다. 압핀 하나를 사용하는 모델을 띠형 판재와 롤러 사이의 핀 연결로 간주할 수 있다. 일반적으로 띠형 판재를 이송하기 위한 목적으로 기계를 설계할 때 이 기계의 롤러들은 핀 모델처럼 거동하도록 만든다. 일반적으로 각각의 롤러들은 띠형 판재와의 핀 연결처럼 작용하도록 만든다.

때로는 띠형 판재와 롤러 사이를 클램핑 연결할 필요가 있다. 클램프 연결에서 띠형 판재의 θ_z 연결은 불가능하다. 타이프라이터나 펜 플로터와 같은 **압반(platen)** 롤러가 클램핑 연결의 좋은 사례이다. 이 두 가지 경우 모두에서 종이는 압착 롤러에 의해서 형성된 **물음부(nip)**의 전체 길이를 따라서 효과적으로 부착된다. 만약 이 압착 롤러가 압반 롤러에 대해 상대적으로 길이가 짧고 중심에 위치해 있다면, **핀** 모델이 상대적으로 적합하다. 그러나 타이프라이터나 펜 플로터에서 사용되는 길이가 길고 큰 부하가 가해지는 압력 롤러의 경우, 종이와 압반 롤러 사이의 연결은 명확히 **클램프 연결**로 간주할 수 있다.

롤러와 띠형 판재 사이의 클램프 연결은 띠형 판재에 대해 상대적인 조향각도를 변화시키는 것이 불가능하다. 이런 클램프 연결은 띠형 판재를 2D로 완벽하게 구속한다. 어떠한 추가적인 구속도 과도 구속이 된다. 따라서 띠형 판재 이송 기계를 설계할 때에 클램프 연결 모드의 사용을 피한다. 거의 항상 핀 연결 모드를 사용한다.

8.8 플랜지붙이 롤러

그림 8.8.1

플랜지붙이 롤러는 과도 구속 상태이다. 롤러 그 자체는 1 자유도 구속이다. 모서리 안내 기구로 사용할 목적으로 사용하는 플랜지는 2개의 구속을 추가해준다. 구속들이 중첩되면 과도 구속이 초래된다. 플랜지붙이 롤러가 성공하는 유일한 경우는 띠형 판재의 장력과/또는 감김 각도가 (주차된 차량을 옆에서 미는 것처럼) 롤러의 표면에서 띠형 판재의 미끄럼을 허용하기에 충분할 정도로 낮아야지만 한다. 그렇지 않으면, 띠형 판재의 모서리는 플랜지에 의해서 갈려나가거나 판재가 플랜지 위로 타고 올라간다. 이런 두 가지 상황 모두 한심하다. 만일 띠형 판재 이송 경로 내의 특정한 위치에서 모서리를 안내하고 싶다면, 롤러에 의한 구속은 피해야 한다.

8.9 구속이 없는 띠형 판재의 지지

띠형 판재 이송 장치의 설계에서 띠형 판재를 과도 구속하는 것은 너무나 쉽다. 일반적으로 띠형 판재의 레이아웃은 다수의 롤러들이 띠형 판재를 이송하는 구조를 가지고 있다. 만약에 각각의 롤러들이 웹에 구속을 가한다면,

판재가 어떻게 전체적으로 과도 구속되는지를 쉽게 볼 수 있다. 이런 문제를 피하기 위해서는 띠형 판재를 구속하지 않는 특별한 롤러를 사용해야 한다. 종합적으로 이를 구속이 없는 띠형 판재 지지 장치라고 부른다.

회전하지 않는 받침(shoe)

롤러에 의해서 유발된 구속을 제거하는 쉬운 방법 중 하나는 롤러를 회전하지 않도록 고정하는 것이다. 따라서 이 롤러는 고정된 **받침대**가 된다. 이를 통해서 롤러 구속이 제거되고 띠형 판재와 받침대 표면 사이의 총제적인 미끄럼이 보장된다. 불행히도 고정된 표면 위에서 띠형 판재를 잡아당기는 방식은 긁힘을 유발하거나 추가적인 항력에 의해 장력 증가가 초래되기 때문에 때로는 바람직하지 않다. 이런 문제를 극복하는 방법으로는 띠형 판재와 받침 사이에 공기를 불어넣어 판재가 타고 넘을 수 있는 공기 쿠션을 만들어주는 것이다. 일반적으로 이 방식은 비싸고 고정된 제조 설비에만 적용할 수 있다.

회전하지 않는 받침

그림 8.9.1

회전하지 않는 받침의 도식적 심벌이 **그림 8.9.1**에 도시되어 있다. 이 심벌의 평면부위를 통해서 받침이 회전하지 않는다는 점을 나타내고 있다.

축 방향으로 유연한 롤러

표면이 축 방향에 대해서 유연하게 설계되어 특수하게 만들어진 롤러를 사용하여 롤러를 없애지 않고도 롤러의 구속을 제거할 수 있다. 축 방향으로 유연한 롤러의 개념은 롤러 표면이 띠형 판재가 필요로 하는 경로 이탈 방향으로의 자유로운 운동을 가능케 해주며, 띠형 판재와의 접촉이 없어지면 원래의 상태로 되돌아간다.

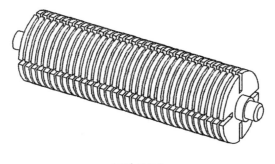

그림 8.9.2

여기서는 두 가지 사례의 축 방향에 대해 유연한 롤러를 보여주고 있다. 그림 8.9.2(US Patent 4221480)에서는 두꺼운 고무 커버에 깊은 그루브들을 성형한 롤러를 보여주고 있다. 롤러의 표면은 일련의 얇은 고무 디스크들로 이루어진 것으로 간주할 수 있다. 작동 시 디스크는 전체적으로 필요한 만큼 미소한 측면 변형을 일으키지만, 반경 방향 및 접선 방향으로는 비교적 강한 형태를 유지한다.

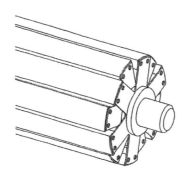

그림 8.9.3

그림 8.9.3(US Patent 5244138)에서는 약간 다른 구조의 축 방향에 대해서 유연한 롤러를 보여주고 있다. 이 롤러는 강체인 중앙 축에 박판 플랙셔로 양단이 연결된 12개의 개별적인 널판 또는 요소들로 띠형 판재를 지지한다. 따라서 각 요소들은 띠형 판재와 롤러 사이의 부정렬에 대해서 축 방향으로 독립적으로 자유롭게 약간씩 움직인다. 이 널판 요소의 중앙부를 깎아내어 띠형 판재를 끝단 근처에서만 지지하도록 만들 수 있다. 띠형 판재와 롤러 사이에 측면 방향 구속을 부가하기 위해서 플랜지를 설치할 수도 있다. 이 플랜지는 띠형 판재를 반경 방향으로 안내하거나 띠형 판재가 롤러를 측면 방향으로 위치시킬 수 있다.

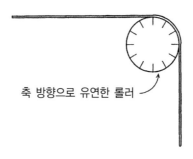

축 방향으로 유연한 롤러

그림 8.9.4

그림 8.9.4에서는 축 방향으로 유연한 롤러에 대한 도식적 심벌을 보여주고 있다. 이 심벌에 따르면 롤러 표면은 다수의 축 방향으로 배치된 널판들 각각이 축 방향으로 자유롭게 움직일 수 있다.

캐스터(caster) 롤러

캐스터형 롤러(선회롤러)는 띠형 판재에 어떠한 구속도 부가하지 않으면서 판재를 구름 지지하는 뛰어난 방법이다. 실제로는 롤러와 띠형 판재 사이에 존재하는 구속이 없어지지 않는다. 우리는 단순히 롤러와 기계 프레임 사이의 연결에 자유도를 추가(구속을 제거)하여, 롤러가 띠형 판재에 구속을 부가하는 대신에 판재가 롤러 상에서 위치 이동이 가능하도록 만들어준다.

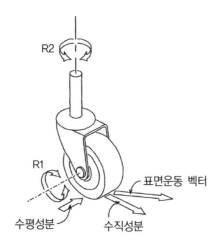

그림 8.9.5

캐스터 롤러는 의자나 카트에 설치된 캐스터 바퀴들이 바닥의 움직임에 따라서 스스로 정렬하는 것과 똑같은 방식으로 움직이는 띠형 판재에 대해서 스스로 정렬을 한다. 캐스터 바퀴는 휠 자체의 회전축 R_1 및 요크의 피벗축

R_2로 이루어진 2개의 회전 자유도를 가지고 있다. R_2에 대한 회전은 바퀴의 부정렬은 캐스터 반경(R_1과 R_2 사이의 거리)의 지수 함수로 감소한다.

우리는 캐스터 롤러에 대해서 꽤 훌륭한 직관을 제공해주는 (그러나 틀린) 설명을 접할 수 있다. 하지만 이것은 완전히 잘못된 설명이다. 그 내용은 다음과 같다.

휠과 접촉표면 사이의 접촉 면적의 중심은 항상 캐스터 축이 표면과 교차하는 점 뒤를 따르려 한다. 접촉 면적의 중심과 캐스터 축은, 마치 체인 링크에 가해지는 장력에 따라서 체인 링크가 정렬을 맞추는 것처럼 정렬된다. 만일 롤러가 초기에 접촉점의 중심이 한쪽으로 이탈하여 부정렬되어 있다면, 이는 체인이 늘어진 것과 같은 경우에 해당한다.

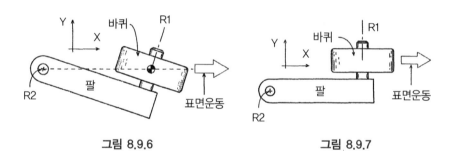

그림 8.9.6   그림 8.9.7

비록 이 설명은 매우 그럴듯해 보이지만, **그림 8.9.6**에 도시되어 있는 구조의 경우에 양의 X 방향으로 움직이는 표면과 접촉하고 있는 캐스터 바퀴에서 어떤 일이 일어날지를 살펴봐야 한다.

앞의 잘못된 설명에 따르면, 바퀴는 처짐이 없는 **그림 8.9.6**의 상태로 가야만 한다. 그러나 실제로는 캐스터 바퀴가 이 상태에 놓이면, 띠형 판재의 이동이 바퀴를 R_1축에 대해서 회전시킬 뿐만 아니라, R_1에 평행한 잔여 성분에 대한 회전을 유발하게 된다.

이 잔여 성분은 R_2에 대한 반시계 방향으로의 회전을 유발하여 조립체를 점차 **그림 8.9.7**의 위치에 이르게 만든다. 이 위치가 롤러 축이 이동 표면의 순간중심과 교차하는 곳이다.

캐스터 바퀴 또는 롤러의 회전축 R_1은 접촉하고 있는 표면의 순간중심과 교차하는 위치를 향하여 움직이려고 한다.

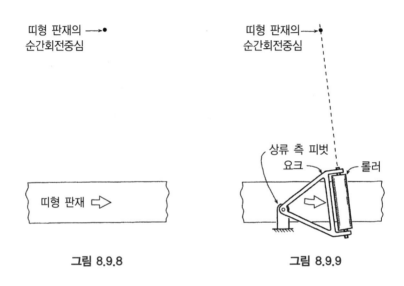

그림 8.9.8   **그림 8.9.9**

그림 8.9.8에서와 같이 정확하게 구속된 띠형 판재 요소에 대해서 살펴보기로 하자. 여기에는 아무런 구속도 표시되지 않았으며 단지 순간회전중심만이 존재한다. 사실 이 순간중심을 정의하기 위해서는 띠형 판재에 2개의 구속이 가해져야만 한다. 하지만 우리는 이 구속을 생각할 필요가 없다. 우리는 단지 이 띠형판재가 정확하게 구속되어 있다는 것과 그 순간중심의 위치만 알고 있으면 된다.

만일 이 띠형 판재를 또 다른 롤러로 지지해야만 한다면, 이 롤러는 구속이 0이어야만 한다. 만일 **그림 8.9.9**에서와 같은 캐스터 롤러를 사용한다면 롤러의 회전축은 띠형 판재의 순간회전중심과 교차하므로 롤러는 스스로 정렬을 맞추게 된다.

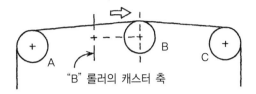

"B" 롤러의 캐스터 축

그림 8.9.10

지금부터 **그림 8.9.9**에 도시된 캐스터 롤러의 측면도를 살펴보기로 하자(**그림 8.9.9**는 띠형 판재 평면도이다). 아마도 기구는 **그림 8.9.10**처럼 보일 것이며, 여기서는 롤러 A와 C가 도시되어 있다. 이들은 모두 함께 띠형 판재를 정확하게 구속하고 있으며 띠형 판재의 순간회전중심도 정확하게 결정된다. 과도 구속을 피하기 위해서, 롤러 B는 상류 측 축선에 대해서 선회한다. 캐스터 축의 위치는 롤러 B의 입력 측 및 출력 측 스팬 각도를 반분하는 축선과 평행하게 설치되며 롤러 B로부터는 대략적으로 띠형 판재의 폭만큼 상류 쪽에 위치한다. 이런 캐스터 축의 위치는 캐스터 롤러에 띠형 판재가 감기는 정도에 무관하다. 모든 경우에 캐스터의 축선은 입력 및 출력 스팬이 이루는 각도의 절반 방향과 평행하다.

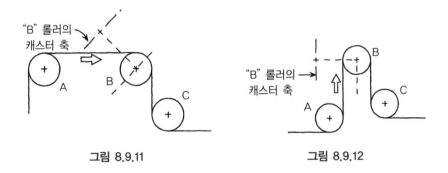

"B" 롤러의
캐스터 축

그림 8.9.11

"B" 롤러의
캐스터 축

그림 8.9.12

대략적으로, 캐스터 반경(캐스터의 축과 롤러 축 사이의 거리)은 롤러의 길이(또는 띠형 판재의 폭)과 비슷해야 한다. 하지만 캐스터 반경의 정확한 값은 그리 중요하지 않다.

띠형 판재가 전진함에 따라서 캐스터 롤러는 띠형 판재의 트랙 내 변위의 지수적 감소형태로 (롤러 축이 띠형 판재의 회전중심과 교차하는) 정상상태로 접근한다. 띠형 판재가 캐스터 반경의 약 5배 정도의 거리를 이동하고 나면, 캐스터 롤러가 정상상태에 도달했다고 간주할 수 있다. 캐스터 롤러는 전진 방향으로 작동할 때에 지수적 감소 형태의 응답을 갖기 때문에 역방향으로 작동하면 불안정해진다. 상류 측면 구속/하류 각도구속쌍(8.4절)에 의해 구속된 띠형 판재 스팬에 대한 응답과 캐스터 롤러의 응답이 서로 매우 유사하다.

구속이 0인 경우에 대한 띠형 판재의 심벌

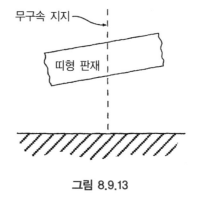

무구속 지지

띠형 판재

그림 8.9.13

띠형 판재 평면 선도에서, 구속이 0인 판재의 지지(고정받침대, 공기베어링, 축 방향에 대해 유연한 롤러, 또는 캐스터 롤러 등)는 점선으로 나타낸다. (띠형 판재 모서리에서 직각으로 그어진 실선으로 나타내는) 각도구속 심벌과는 달리, 구속이 0이기 때문에 띠형 판재 모서리와 점선 심벌 사이에는 아무런 각도 관련이 없다.

8.10 띠형 판재 평면선도에서 조인트를 구현하기 위한 짐벌

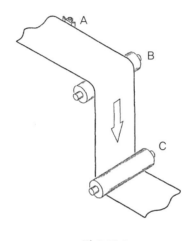

그림 8.10.1

8.2절로 되돌아가보면, 띠형 판재의 취급 문제가 2차원적이어서 몇 가지 장점이 있다고 설명했었다. 그런데 큰 장점이 또 하나 있다. 띠형 판재의 비틀림 방향으로의 유연성을 활용하여 인접 스팬에 추가적인 자유도를 부여할 수 있다. 그림 8.10.1에서와 같이 상류 측 측면 방향구속 장치(A), 하류 측 각도구속 장치(B) 그리고 추가적인 롤러(C)들이 조합된 띠형 판재의 경로를 살펴보기로 하자.

그림 8.10.2에 도시되어 있는 띠형 판재 평면도에서 롤러 C는 과장되게 부정렬이 표시되어 있으며, 띠형 판재는 과도 구속되어 있다. 구속쌍 A-B와 B-C쌍 각각이 하나씩의 순간중심을 형성하며, A-C도 세 번째 순간중심을 만든다. 서로 다른 3개의 순간중심들에 대해서 띠형 판재가 동시에 회전하면,

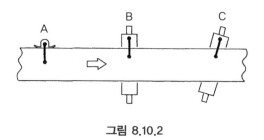

그림 8.10.2

구겨지기 쉬운 판재를 사용해야 한다. 롤러 C를 정렬하여 판재 평면선도에서 A-B의 순간중심에 C의 축선이 함께 교차하도록 설치하여 이 문제를 해결하는 것이 좋아 보일 수 있다. 하지만 이런 방안은 띠형 판재의 캠버 반경이 결코 변하지 않는 경우에만 적용할 수 있다. 그런데 서로 다른 캠버 반경(아마도 동일한 띠형 판재의 다른 위치)에서 띠형 판재를 추종하려할 때에, A-B 순간중심의 위치는 자동적으로 띠형 판재 곡률중심의 새로운 위치로 이동해버린다. 따라서 C의 구속은 더 이상 A-B 순간중심과 교차하지 않으며 다시 C롤러의 부정렬이 발생한다.

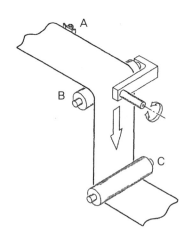

그림 8.10.3

이 문제를 해결하는 방안들 중 하나는 **그림 8.10.3**에서와 같이, C 롤러는 고정하며 B 롤러에는 짐벌(평형조절기구)을 설치하는 것이다. B 롤러에 짐벌을 설치한다는 것은 진입하는 스팬과 평행한 축 방향으로 자유롭게 피벗되도록 만든다는 것을 의미한다. 이를 통해서, 스팬 A-B 사이의 띠형 판재는 A와 B에 의해서 부가된 구속만 작용하게 된다.

구속 C는 롤러 B가 어떤 각도로 짐벌되며, 그에 따라서 스팬 A-B가 얼마나 비틀리는지를 결정하는 것 이외에는 스팬 A-B 내의 판재에 아무런 영향도 끼치지 못한다. 그런데 서두에서 이미 지적했듯이, 띠형 판재의 평면이 어디에 있는지를 제어하는 구속조건은 필요 없으며, 단지 평면 내에서 어디에 띠형 판재가 있는지를 제어하는 구속조건이 필요할 뿐이다. 따라서 사실상 롤러 B에 짐벌을 설치함으로써 자유도를 추가하였다. 이제 스팬 BC는 B에서 측면 방향으로 구속된 띠형 판재처럼 간주할 수 있으며 (위치는 구속쌍 A-B에 의해 결정된다.) 하류 측인 C에서는 각도 방향으로 구속된다. **그림 8.10.4**는 판재 경로구조를 나타낸 판재 평면 선도이다. 롤러 B의 짐벌은 **띠형 판재 평면선도**(WPD : web plane diagram)에서 조인트로 표시된다.

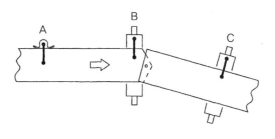

그림 8.10.4

진입 및 진출하는 띠형 판재 스팬들 사이의 직교성은 띠형 판재 평면선도 (WPD) 내에서 조인트를 만들어주는 짐벌을 허용해준다. 판재가 90° 감겼을 때에 가장 잘 작동한다. 0° 및 180°로 감긴 경우에는 전혀 작동하지 않는다. 그러므로 경험적으로 띠형 판재 평면선도(WPD) 내에서 조인트를 효과적으로 구현하기 위해서는 짐벌 롤러 주변의 띠형 판재 감김 각도는 90±45°가 되어야 한다.

앞서 설명한 방법으로 B 롤러를 짐벌하여 B 롤러가 띠형 판재에 부가하는 단일 구속을 A-B 스팬에 가한다. 8.3절에서 설명한 방식으로 A 및 B 구속이 결합되어 스팬 A-B가 회전하는 순간중심이 결정된다. 이를 통해서 B에서 띠형 판재의 측면 방향 위치가 결정된다. 그 결과 롤러 C가 하류 측 각도구속을 형성할 때, 띠형 판재의 스팬 B-C는 마치 B에 묵시적으로 상류 측 측면 방향 구속이 존재하는 것처럼 거동한다. 이로부터 C 롤러에 짐벌을 설치하면, 과도구속 없이 D 롤러를 추가할 수 있다는 것을 쉽게 알 수 있다. D 롤러에 짐벌을 설치하면, E 롤러를 추가할 수 있다. 짐벌 롤러에서 짐벌 롤러로 연결된 일련의 스팬들로 이루어진 긴 띠형 판재로, 각각의 짐벌이 다음 스팬에 필요한 자유도를 제공해주며 각각의 롤러들은 후속 스팬 판재에 각도구속으로 작용한다.

8.11 돌출(overhang)

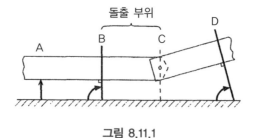

그림 8.11.1

앞 절에서 제기된 문제에 대한 또 다른 해결책은 롤러 B의 축은 그대로 두고 롤러 C를 0의 구속으로 만드는 것이다. (캐스터를 설치하거나 표면을 축 방향으로 유연하게 만들거나 회전하지 않는 받침대를 사용한다.) 그리고 필요하다면 C에 짐벌을 설치하고 D에 롤러를 추가한다. **그림 8.11.1**에서는 이런 배열을 개략적으로 보여주고 있다. 이 띠형 판재 평면선도에서는 도식적인 심벌이 사용되었다. A의 화살표 심벌은 모서리 안내 기구를 나타낸다. B와 D의 실선은 롤리의 축선 방향을 나타내며 띠형 판재의 모서리와는 직각인 방향을 가리킨다. C에서의 점선은 0의 구속을 나타낸다. 스팬 A-C가 구속 A와 B에 의해 지지된 2D 빔과 유사하다는 개념에서, B-C 부분은 A와 B 사이가 아니며 오히려 끝단에 외팔보처럼 매달려 있기 때문에 **돌출**(overhang)이라고 부를 수 있다.

예를 들어 만약 C에 캐스터 및 짐벌이 설치된 롤러를 사용하려고 한다면,

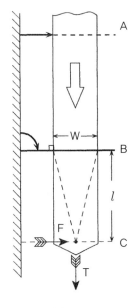

그림 8.11.2

캐스터 축에 대한 회전을 위해서는 띠형 판재가 롤러에 측면 방향으로 힘을 가해야 한다는 점을 명심해야 한다. 더욱이 이 측면 방향 힘을 띠형 판재에 가하는 위치가 띠형 판재 돌출부의 끝단이므로, 돌출부 끝단에 가해야 하는 측면 방향 힘이 띠형 판재에 가할 수 있는 최대 작용력 한계를 넘어서지 않도록 유의해야만 한다.

띠형 판재가 좌굴을 일으키지 않고 버틸 수 있는 최대 작용력을 **그림 8.11.2**에 표시되어 있는 2개의 대각선을 장력 T를 지탱하는 케이블로 간주하여 유도할 수 있다. 작용력 F가 다음의 값에 도달하게 되면 케이블 중 하나가 늘어지기 시작한다.

$$F = \frac{1}{2} \frac{W}{l} T$$

C 롤러에 의해서 돌출부에 부가되는 측면 방향 힘과 더불어서 C-D 스팬의 띠형 판재 장력도 돌출부에 작용하는 측면 성분 작용력을 생성한다. C-D 스팬의 부정렬의 크기에 따라서 이 힘이 주요 인자가 될 수도 있다. 그러므로 띠형 판재의 경로 내에 돌출부를 설계해 넣을 때마다 작용력이 돌출된 띠형 판재의 좌굴을 유발하지 않도록 주의해야만 한다.

8.12 사례 : 띠형 판재 이송기구에 대한 띠형 판재 평면선도 분석

우리는 이제 다중 롤러를 이용한 띠형 판재 이송기구에 대한 분석을 위해서 띠형 판재 평면선도(WPD)를 사용할 준비가 되었다. 이 방법을 통해서 띠형 판재와 이송기구 사이에 존재하는 구속조건을 찾아낼 수 있다. 만약 띠형 판재와의 연결이 과도 구속이나 과소 구속되어 있다면, 정확한 구속을 위해서 무엇을 변경해야 하는지 알 수 있다. 이송기구에 의해서 정확하게 구속되어 있다면, 띠형 판재는 손상 없이 정확하게 운반된다.

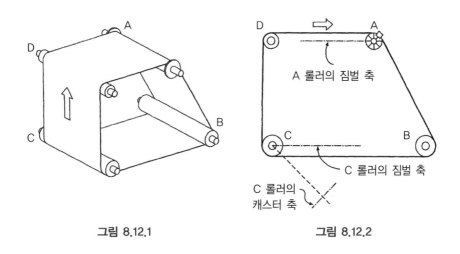

그림 8.12.1　　　　　　　　그림 8.12.2

사례로서 **그림 8.12.1**에서와 같이 얇은 고리형 플라스틱 판재를 이송기구 둘레로 시계 방향으로 이송하는 띠형 판재 이송기구에 대해 분석해보기로 하자. 이 띠형 판재는 A, B, C 및 D의 4개의 롤러에 의해서 지지되어 있다.

분석을 위해서 측면 방향 구속 또는 0의 구속을 나타내며, 각 롤러들의 캐스터 또는 짐벌 축 위치도 나타내는 측면도(**그림 8.12.2**)를 만들었다. 이송 기구의 상부에 위치한 롤러 A에는 짐벌이 설치되어 있다. 게다가 A에는 모서리 안내 기구도 설치되어 있다. 과도 구속을 피하기 위해서 롤러 A는 축 방향으로 유연하게 제작되었다. 과도 구속을 피하기 위해서 롤러 A는 축 방향으로 유연하게 제작되었다. 띠형 판재가 롤러 A를 지나고 나면 위치가 고정되어 있는 롤러 B로 향한다. 롤러 B는 모터에 연결되어 띠형 판재의 이송을 담당하게 된다. 다음으로 띠형 판재는 캐스터와 짐벌이 설치되어 장력만 가하는 롤러 C로 이송된다. 롤러 C를 지난 띠형 판재는 위치가 고정된 **종동**(idle) 롤러인 롤러 D로 이송된다. 마지막으로 띠형 판재는 롤러 A로 되돌아오면서 루프가 완성된다.

이제 우리는 띠형 판재 평면선도(WPD)를 그릴 수 있다. 띠형 판재 평면선도(WPD)의 시작은 띠형 판재의 측면 방향 위치가 알고 있는 위치로 고정되는 모서리 안내 기구 위치부터 출발한다. 그런 다음, 각도구속 조건을 찾아내기 위해서 하류 측을 살펴본다. 우리의 사례에서는 롤러 A에 모서리 안내 기구가 설치되어 있다. 롤러 B는 이와 관련된 하류 측 각도구속 기구이다.

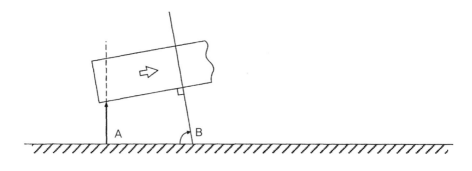

그림 8.12.3

띠형 판재 평면선도(WPD)는 **그림 8.12.3**에서부터 출발할 수 있다. 띠형 판재의 측면 방향 위치는 A에서 고정(화살표)되어 있으며, 판재 모서리는 롤러 B의 축선과 서로 직교한다. 공차 때문에 롤러 B의 축선은 기계 프레임과 완벽하게 직각을 이루지 못한다. 띠형 판재 평면선도(WPD)에서는 이를 의도적으로 과장하여 도시하고 있다. 롤러 B와 기계 프레임 사이의 과장된 직각도 편차 때문에 짐벌 조인트가 필요하다는 것이 명확해졌다.

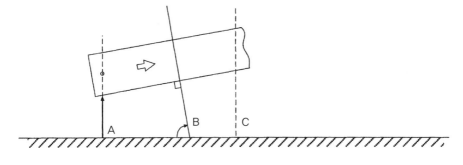

그림 8.12.4

띠형 판재는 롤러 B를 넘어서 롤러 C까지 돌출된다. 띠형 판재는 A와 B에 의해서 정확히 구속되어 있기 때문에 C에서는 아무런 구속도 필요하지 않다. 그러므로 C는 0의 구속조건으로 지지되어야 한다. (C에는 캐스터가 설치되어 있으므로, 롤러는 0의 구속조건을 가지고 있다.) C가 가지고 있는 0의 구속조건은 띠형 판재 평면선도(WPD) 상에서 롤러의 축선 방향으로의 점선으로 표시된다.

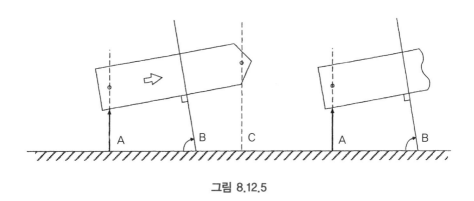

그림 8.12.5

우리의 사례에서 띠형 판재의 경로는 루프이므로 띠형 판재 평면선도(WPD)가 닫힌 루프를 만들 필요가 있다. **그림 8.12.5**를 다시 살펴보면, C에서 D로 그리고 다시 A로 연결하기 위해서는 띠형 판재 평면선도(WPD) 내에서 한 쌍의 조인트가 필요하게 된다. 이 조인트는 A와 C에서의 짐벌에 의해서 구현된다.

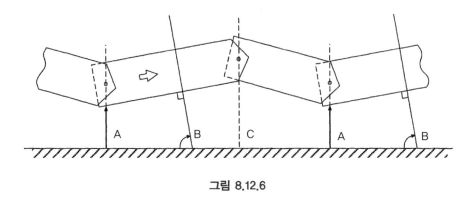

그림 8.12.6

만약 롤러 D가 없다면, 띠형 판재 평면선도(WPD)를 **그림 8.12.6**에서와 같이 완성할 수 있다.

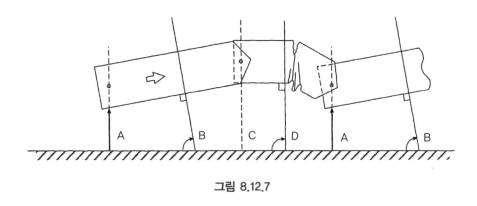

그림 8.12.7

그런데 우리는 롤러 D를 고려해야만 한다. 롤러 D는 롤러 D의 위치에서 띠형 판재의 고정된 측면 방향 위치에 대해 상대적인 하류 측 각도구속 장치처럼 작용한다. 그 결과 **그림 8.12.7**에 도시된 띠형 판재 평면선도(WPD)가 초래된다.

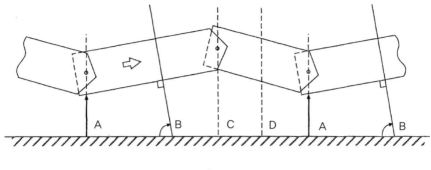

그림 8.12.8

롤러 D는 띠형 판재의 경로에 원치 않는 구속으로 작용한다. 만약 D 위치에 롤러 D가 있어야만 한다면, 어떤 수단(고정받침대, 공기베어링, 축 방향 유연구조, 또는 캐스터 등)을 통해서 0의 구속을 만들어주든지, 또는 짐벌을 설치해야 한다. 롤러 D를 0의 구속 상태로 만들면, D 롤러가 마치 거기에 없는 것처럼 A에서 C로 띠형 판재가 이송된다.

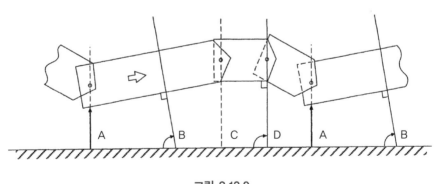

그림 8.12.9

반면에, 만약 D 롤러에 짐벌을 설치한다면 띠형 판재 평면선도(WPD)는 그림 8.12.9에 같이 형성된다. D 롤러는 롤러 C를 떠난 스팬에 대해서 하류 측 각도구속 장치로 작용한다. 이제 띠형 판재의 루프는 D와 A 사이의 짧은 스팬에 의해서 닫히게 된다. D와 A에 설치된 짐벌이 이를 가능케 한다. 그런데 띠형 판재 평면선도(WPD) 분석에 따르면 D와 A 사이의 스팬이 짧기 때문에 롤러의 부정렬이 크다면, D와 A에서의 짐벌 각도가 급격하게 변할 우려가 있다.

8.13 2개의 롤러를 이용한 벨트 이송

단지 2개의 롤러만을 사용하여 강성이 큰 판재 벨트를 지지하는 경우에는, 그리고 3개 또는 그보다 많은 지지기구를 사용하는 경우에는 발생하지 않거나 쉽게 피할 수 있는 몇 가지 난제들을 유발하기 때문에 흥미롭고 특수한 사례이다.

- 2개의 롤러를 사용하여 벨트를 지지하는 구조에는 상류 측 각도구속과 측면 구속이라는 불안정한 조합을 동시에 갖추지 않고는 상류 측 측면 방향 구속과 하류 측 각도구속의 안정된 구조를 구현하는 것이 불가능하다. 단지 2개의 롤러만 사용하기 때문에, 각각의 롤러들은 서로에 대해서 상류 측인 동시에 하류 측이 된다.
- 띠형 판재 평면선도(WPD) 내에서 **조인트**의 역할을 하도록 짐벌을 설치하는 것은 180°로 감긴 구조에서는 작동하지 않는다. 띠형 판재 평면선도(WPD) 내에서 조인트의 역할을 하는 짐벌은 한 스팬의 비틀림 방향 유연성을 통하여 후속 스팬이 필요로 하는 자유도를 제공해준다. 이런 기능은 90° 감긴 구조에서 최적의 기능을 발휘한다. 하지만 180° 감긴 구조에서는 전혀 작동하지 않는다. 불행히도 (대략적으로 동일한 크기의) 2개의 롤러만 사용하는 경우에는 두 롤러 모두 180° 감긴 구조를 갖게 된다.

이러한 두 가지 어려움 때문에 특히 2개의 롤러를 사용하는 경우에는 띠형 판재 평면선도(WPD)를 이용하여 띠형 판재의 경로를 분석하거나 설계하는 일반적인 과정이 유용성이 없다. 그런데 다행히도 2개의 롤러를 사용하는 시스템은 띠형 판재 평면선도의 도움 없이도 비교적 간단한 방법으로 두 롤러의 기구학적 구속과 자유도 요구조건들을 분석할 수 있을 정도로 단순하다.

균일한 판재 장력의 구현

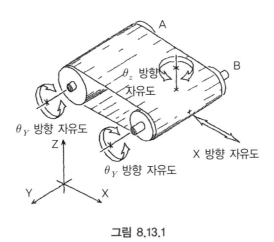

그림 8.13.1

띠형 판재는 소재나 롤러의 형태가 원추 형상이어도 (띠형 판재의 원추 형상은 한쪽 모서리의 길이가 다른 쪽에 비해 길 때에 발생한다.) 균일한 장력이 부가되도록 설치하여야만 한다. **그림 8.13.1**에서는 이 조건을 충족시키기 위해서 필요한 자유도를 개략적으로 보여주고 있다.

롤러 A의 축선은 고정되지만 롤러 B는 2 자유도를 갖는다. 롤러 B는 X축 방향으로의 병진운동과 Z축 방향으로의 피벗이 가능해야만 한다. 띠형 판재는 B 롤러에 대해서 X 및 θ_z 방향의 구속으로 작용한다.

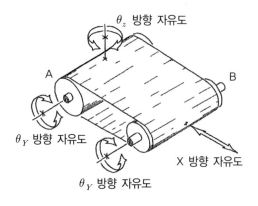

그림 8.13.2

그림 8.13.2에서는 띠형 판재에 균일한 장력을 부가하는 등가의 자유도 배치를 보여주고 있다. 롤러 A는 θ_z 방향으로 자유도를 가지고 있는 반면에 B는 X 방향으로 자유롭다. 이를 실제의 하드웨어로 구현하는 것은 실용적이지 않지만, 기능을 발휘하는 것은 확실하다. 이 논의의 목적상 논의 대상을 그림 8.13.1로 국한시키기로 하자.

띠형 판재의 트랙이탈 위치

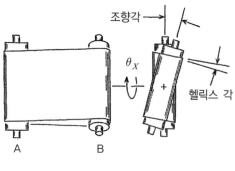

그림 8.13.3

그다음으로 어떻게 띠형 판재의 측면 방향 또는 **트랙이탈**(cross-track) 위치를 결정하는지 살펴보기로 하자. 우선, **그림 8.13.3**에서와 같이 롤러 A에 대해 롤러 B가 미소각 θ_x만큼 회전한 경우를 생각해보자. (이는 롤러 B에 대해 롤러 A가 θ_x만큼 회전한 것과 구분할 수 없다.)

이는 각 롤러 상에서 띠형 판재의 **피벗**(조향)을 초래하여 각각의 롤러들을 작은 나선각을 가지고 감기게 만든다. 롤러가 회전하면 띠형 판재는 약간의 트랙이탈 운동을 수반하면서 전진한다. 이는 이발소를 나타내는 회전봉에 있는 붉은 띠의 겉보기 운동과 같은 운동을 유발한다. 여기서 붉은 띠는 회전봉에 나선형으로 감겨 있기 때문에, 봉이 회전함에 따라서 띠는 축 방향으로 이동한다. 붉은 띠의 축 방향 겉보기 이동 속도는 헬릭스 각도에 의존한다. 마찬가지로, 띠형 판재의 트랙이탈 속도 역시 롤러 상에 놓인 띠형 판재의 헬릭스 각도에 의존한다. 우리는 이미 이 헬릭스 각도가 롤러의 조향각 θ_x에 의존한다는 것을 보았기 때문에 다음과 같은 결론을 도출할 수 있다.

> 띠형 판재의 트랙이탈 속도는 롤러의 조향각도 θ_x에 의해서 조절된다.

따라서 띠형 판재 모서리의 측면 방향 위치 오차를 감지하거나 검출할 수 있다면, 이를 활용하여 롤러의 조향각을 제어할 수 있으며, 이를 통해서 띠형 판재 모서리의 측면 방향 위치를 원하는 위치로 이동시킬 수 있다(또는 그곳에 머물게 만들 수 있다). 띠형 판재의 트랙이탈 위치를 조절하는 또 다른 방법은 모서리 안내 기구를 사용하여 단순히 구속하는 것이다. 물론 띠형 판재의 과도 구속을 바라지 않기 때문에, 모서리 안내 기구를 사용한다면 롤러는 0의 구속 상태로 만들어야만 한다.

하드웨어의 사례

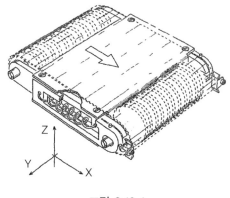

그림 8.13.4

그림 8.13.4에 도시되어 있는 기구는 2개의 축 방향에 대해 유연한 롤러를 사용해서 띠형 판재를 이송하기 위해서 설계되었다. 6면체 박스 구조가 강체 코어의 역할을 한다. 좌측 롤러는 고정 베어링에 의해 지지된다. 우측의 롤러는 스프링 로딩된 측면 판에 피벗식으로 고정되어 X 및 θ_z 방향으로 균일한 판재가 롤러에 감길 때에 양측을 받쳐준다.

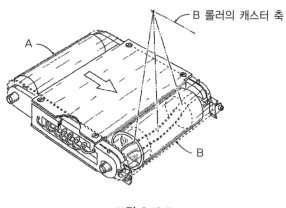

B 롤러의 캐스터 축

A

B

그림 8.13.5

또 다른 방법은 0의 구속을 구현하기 위해서 롤러들 중 하나에 캐스터를 설치하는 것이다. **그림 8.13.5**에서 우측의 롤러는 캐스터에 지지되어 있다. 즉, 우측 롤러는 휘어진 축 위를 움직인다. 축의 휘어진 영역의 곡률중심이 롤러의 캐스터 축으로 정의된다.

피벗된 받침대는 띠형 판재에 단단한 트랙이탈 제한기구로 작용한다. 띠형 판재에는 경로이탈 운동이 허용되지 않기 때문에 띠형 판재와 롤러 사이에 헬릭스 각도가 발생하면 롤리를 측면 방향으로 밀어낸다. 롤러는 캐스터에 설치되므로, 이로 인해서 조향각도 변화가 발생하며, 이는 당연히 헬릭스 각도를 저감하는 방향으로 작용한다. 다시 말해서 캐스터 축은 하류 측이 아닌 상류 측에 위치해야만 한다.

받침대에 가해지는 띠형 판재 모서리의 작용력은 롤러의 측면 방향 움직임을 유발하는 데에 필요한 힘과 같다. 실제적으로는 이 힘은 거의 0이다. 롤러는 이미 축 위를 회전하고 있기 때문에 띠형 판재를 축방 향으로 움직이는 데에는 아주 작은 측면 방향 작용력만이 필요할 뿐이다.

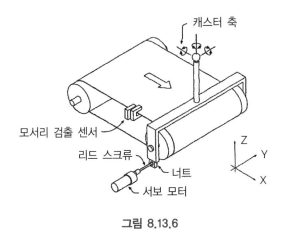

그림 8.13.6

그림 8.13.6에 도시된 기구물의 경우, 우측의 롤러는 캐스터 축에 대해서 자유롭게 움직일 수 없는 대신에 서보모터에 의해서 캐스터 축 방향으로 구동된다. 또한 피벗된 모서리 안내용 받침대 대신에 Y 방향으로 약간 편차를 두고 설치된 한 쌍의 광전식 모서리 검출 센서가 사용된다.

만일 띠형 판재의 모서리가 두 센서들 사이(**불감대역** 내)에 위치하면, 서보모터에는 아무런 신호도 전송되지 않는다. 하지만 판재 모서리가 불감대역의 바깥쪽으로 나가버리면 모터가 작동한다. 서보모터는 리드 스크류를 통해서 롤러가 캐스터 축을 중심으로 회전하도록 만들어준다. 이는 즉각적으로 2가지 효과를 유발한다. 우선, 판재는 다시 불감대역 속으로 이송되며 모터는 다시 꺼진다(음의 귀환). 두 번째로 두 롤러 사이의 조향 각도는 띠형 판재의 트랙이탈 속도를 줄이는 방향으로 변화하며, 처음에는 판재 모서리가 불감대역 밖으로 벗어나게 만든다. 이러한 조향 보정이 몇 차례 수행되고 나면, 띠형 판재의 트랙이 탈 속도는 거의 0에 근접할 정도로 감소하며, 서보모터는 거의 다시 켜지지 않는다.

앞의 사례에서 캐스터 축에 대한 회전은 2가지 동시효과를 유발한다.

1. 센서와 띠형 판재 모서리 사이의 측면 방향(트랙이탈) 시프트
2. 조향축 보정

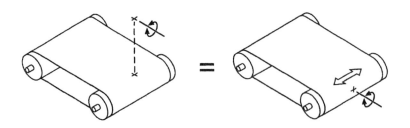

그림 8.13.7

사실 캐스터 축에 대한 회전은 이와 평행한 축(조향축) 방향으로의 회전과 직교축 방향(Y 방향)으로의 병진운동 조합과 등가임을 알고 있다. (3.9절 참조)

이를 기초로 하여 **그림 8.13.6**의 이송기구에서 캐스터 축은 조향축 위치로 이동시켜서 재설계할 수 있다. (조향축은 캐스터 축과 평행하며 롤러 축과는 교차한다.) 캐스터 축의 위치를 조향축 위치로 이동시키려면 모서리 검출 센서에도 이와 관련된 측면 방향 운동을 구현해주어야만 한다.

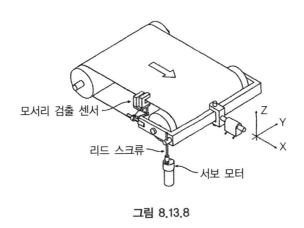

그림 8.13.8

그림 8.13.8의 이송기구는 조향축 회전과 이에 관련된 띠형 판재 모서리와 센서들 사이의 경로이탈 병진운동을 구현함으로써, 앞의 사례(**그림 8.13.6**)에 대한 등가 모델을 구현하였다. 센서들은 롤러의 조향 각도가 변할 때마다 트랙이탈 방향으로 움직일 수 있도록 설치된다.

트랙이탈과 병진운동이 합쳐진 크기는 $T = l \times R$ 로서, l은 모사된 캐스터의 반경, T는 캐스터 회전을 나타낸다.

8.14 볼록형(crowned) 롤러

앞 절에서는 한 쌍의 롤러에 의해서 이송되는 2차원적으로 강체인 띠형 판재의 거동에 대해서 살펴보았다. 두 롤러의 서로의 조향축에 대한 조향을 통해서 롤러에 감겨져 있는 띠형 판재의 헬릭스 각도를 변화시킬 수 있다는 것을 발견하였다. 띠형 판재의 트랙이탈률은 이 헬릭스 각도에 비례한다는 것도 발견하였다. 회전하는 이발소 표시봉이 감겨져 있는 적색 및 백색 띠가 풀리면서 발생하는 겉보기 축 방향 운동과 유사하다. 이 유사성을 조금 더 확장시켜보자.

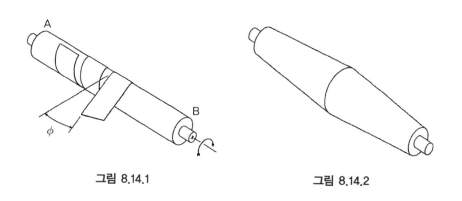

그림 8.14.1   그림 8.14.2

그림 8.14.1에서와 같이 이발소 회전봉을 제작하는 가상적인 기계 장치를 생각해보기로 하자. 이 기계는 백색의 봉(롤러)에 적색의 띠(띠형 판재)를 기울여 감는다. 이때 띠의 감김 각도는 ϕ로서, ϕ는 띠의 모서리(폴에 접근하는 스팬)와 봉의 축선과 직교하는 직선 사이의 각도이다. ϕ는 또한 폴에 감겨 있는 띠의 헬릭스(나선) 각도이기도 하다. 최초에 띠는 폴 위의 **A**라고 표시된 위치에 부착되며, **B**점에 이를 때까지 폴 위에 감는다. 폴로 접근하는 띠형 판재 스팬의 각도를 조절함으로써 나선각 ϕ와 그에 따른 판재의 경로이탈 속도

를 조절할 수 있다. 우리는 이 모델을 활용하여 각도 ϕ를 가지고 롤러에 진입하는 띠형 판재의 거동을 이해하려 한다. 유사성에 따라서 띠형 판재가 각도 ϕ를 가지고 롤러에 접근할 때에, 띠형 판재는 롤러에 접근하는 각도 방향으로의 경로이탈 속도 성분이 발생한다. 이제 2개의 롤러를 사용하는 이송기구에서 띠형 판재의 경로 유지를 위해서 **그림 8.14.2**에 도시된 것과 같은 형상의 볼록형 롤러에 대해서 살펴보기로 하자. 이 사례에서 볼록형 롤러는 2개의 원추를 서로 맞대어놓은 형상을 갖는다. 8.1절에서 논의했었던 것처럼 볼록형 롤러는 2차원적으로 유연한 띠형 판재의 이송에 유용하다.

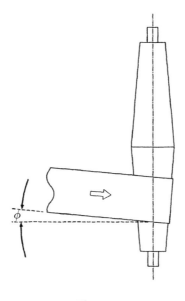

그림 8.14.3

볼록형 롤러의 이송 메커니즘을 이해하기 위해서는 볼록형 롤러의 한쪽으로 띠형 판재가 완전히 치우쳐 있는 **그림 8.14.3**의 경우를 살펴봐야 한다. 롤러가 원추 형상을 가지고 있기 때문에 띠형 판재는 각도 ϕ를 가지고 롤러에 진입해야만 하는 상태에 놓이게 된다.

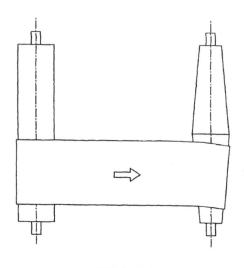

그림 8.14.4

이발소 폴에 대한 앞서의 논의를 통해서, 이 접근 각도가 트랙이탈 속도 성분을 유발하며, 이로 인해서 판재는 원추의 직경이 큰 쪽으로 이동하게 된다는 것이 명확하다. 띠형 판재가 2개의 롤러 모두를 통과하기 위해서는 **그림 8.14.4**에서와 같이 원통형 롤러와 원추형(볼록형) 롤러 사이에서 곡선 경로를 따라가야만 한다. 이 경로를 추종하기 위해서는 띠형 판재가 2차원적으로 유연해야만 한다. 띠형 판재의 이러한 곡률경로는 볼록한 롤러에 띠형 판재가 0°가 아닌 각도로 진입할 때에는 필연적으로 발생한다. 만약 (2차원적으로 강성체인) 단단한 띠형 판재가 사용된다면, 판재는 곡률경로를 추종할 수 없게 되므로 볼록형 롤러의 원추형 영역에 대해서 0°가 아닌 접근각을 구현할 수 없게 된다. 따라서 볼록 형상은 단단한 띠형 판재에 아무런 영향도 끼치지 못한다. 그러나 유연한 판재의 경우에는 접근각도가 유지되며, 띠형 판재는 볼록형 롤러의 가장 직경이 큰 부분에 도달할 때까지 경로이탈 방향으로 이동을 지속하게 된다.

[단원 요약]

이 장에서는 띠형 판재 이송기기의 설계에 정확한 구속조건 원리를 적용하였다. 낯익은 상사모델을 통해서 각각의 이송롤러와 띠형 판재 사이의 연결에 대한 정확한 성질들을 알게 되었다. 그런 다음, 띠형 판재 평면선도(WPD)를 통해서 띠형 판재에 작용하는 전체적인 구속 패턴의 구성 성분들을 볼 수 있게 되었다. 이를 통하여 전통적으로 설계된 띠형 판재 이송용 하드웨어들을 제대로 작동하게 만들기 위해서 왜 그토록 정확한 정렬에 심하게 의존해야만 했는지를 명확하게 알게 되었다. 더 중요한 것은 이를 통해서 띠형 판재를 과도 구속하지 않으며, 부품의 공차나 판재의 진동에 관계없이 신뢰성 있게 작동하는 띠형 판재 이송 하드웨어를 설계할 수 있는 도구를 얻게 되었다는 점이다.

찾아보기

저자 소개

Douglass L. Blanding

Eastman Kodak 사 근무

정확한 구속설계 관련 다수의 White Paper 발표

역자 소개

장인배

서울대학교 기계설계학과 학사, 석사, 박사

현 강원대학교 메카트로닉스공학전공 교수

저서 및 역서

『표준기계설계학』(동명사, 2010)

『전기전자회로실험』(동명사, 2011)

『고성능 메카트로닉스의 설계』(동명사, 2015)

『포토마스크 기술』(씨아이알, 2016)

정확한 구속 : 기구학적 원리를 이용한 기계설계

초판인쇄 2016년 6월 21일
초판발행 2016년 6월 28일

저　　자 Douglass L. Blanding
역　　자 장인배
펴　낸　이 김성배
펴　낸　곳 도서출판 씨아이알

책임편집 박영지, 김동희
디　자　인 김진희, 추다영
제작책임 이헌상

등록번호 제2-3285호
등　록　일 2001년 3월 19일
주　　소 (04626) 서울특별시 중구 필동로8길 43(예장동 1-151)
전화번호 02-2275-8603(대표)
팩스번호 02-2275-8604
홈페이지 www.circom.co.kr

I S B N 979-11-5610-235-9 93550
정　　가 20,000원